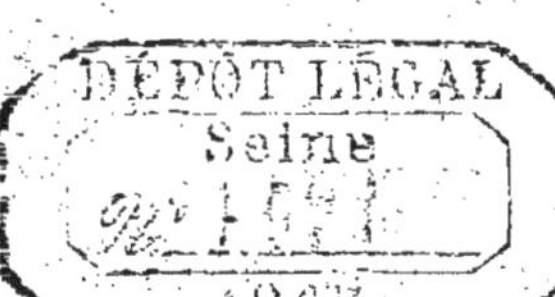

PRÉCIS

DES

RECHERCHES SUR LES MÉTÉORES

ET SUR

LES LOIS QUI LES RÉGISSENT,

PAR

M. COULVIER-GRAVIER.

PARIS,
MALLET-BACHELIER, IMPRIMEUR-LIBRAIRE
DE L'ÉCOLE IMPÉRIALE POLYTECHNIQUE, DU BUREAU DES LONGITUDES.
Quai des Augustins, 55.

1863

Mémoires scientifiques. 2 volumes.
Voyages scientifiques. 1 volume.
Mélanges. 1 volume.
Table générale. 1 volume. 15 fr.

ARAGO (F.), Secrétaire perpétuel de l'Académie des Sciences. — **Analyse de la Vie et des Travaux de sir William Herschel.** In-18. 2 fr.

BABINET, membre de l'Institut (Académie des Sciences). — **Études et Lectures sur les Sciences d'observation et leurs applications pratiques.** In-12, sur papier fin. Chaque volume se vend séparément....... 2 fr. 50 c.

1er volume : *sur les Mouvements extraordinaires de la mer, — les Comètes au XIXe siècle, — la Télégraphie électrique, — l'Astronomie en 1852 et 1853, — Astronomie descriptive, — la Perspective aérienne, — le Stéréoscope et la vision binoculaire, — Voyage dans le ciel.*

2e volume : *les Tables tournantes et les manifestations prétendues surnaturelles, — l'Électricité ouvrière, — la Sibérie et les climats du Nord, — Influence des courants de la mer sur les climats, — sur les Tremblements de terre et sur la constitution intérieure du globe, — Bulletin de l'Astronomie et des Sciences pour 1853 et 1854, — de l'Arrosement du globe, — des Tables tournantes au point de vue de la Mécanique et de la Physiologie, — la Météorologie en 1854 et ses progrès futurs.*

3e volume : *du Diamant et des Pierres précieuses, — des Phares et de la Lumière artificielle, — Physique du globe, — Quillebœuf, — la Méditerranée, — de la Pluralité des mondes.*

4e volume : *la Terre avant les époques géologiques, — de la Constitution intérieure du globe terrestre et des Tremblements de terre, — de la Pluie et des Inondations, — l'Astronomie en 1855, — les Saisons sur la terre et dans les autres planètes, — sur les Progrès récents de la Galvanoplastie, — de l'Application des Mathématiques transcendantes, — la Vie aux divers âges de la terre, — des Eaux minérales et de la Chaleur centrale de la terre.*

5e volume : *sur la Sécheresse, les Irrigations et les Reboisements. — (Séance des cinq Académies 1858). — XIX Articles sur l'Astronomie et la Météorologie.*

6e volume : *de l'Aimant et du Magnétisme terrestre, — l'Océan islandais, — Théorie physique des Vêtements, — XIII Articles sur l'Astronomie et la Météorologie.*

7e volume. (*Sous presse.*)

BABINET, de l'Institut, et **HOUSEL**, professeur de Mathématiques. — **Calculs pratiques appliqués aux Sciences d'observation.** In-8, avec 75 figures dans le texte; 1857. 6 fr.

BALTZER (**Dr Richard**), professeur au Gymnase de Dresde. — **Théorie et applications des Déterminants, avec l'indication des sources originales,** traduit de l'allemand, par *J. Hoüel,* docteur ès Sciences. In-8; 1861. 5 fr.

BARRESWIL et **DAVANNE**. — **Chimie Photographique**, contenant les éléments de Chimie expliqués par des exemples empruntés à la Photographie; les procédés de Photographie sur glace (collodion humide, sec ou albuminé), sur papiers, sur plaques; la manière de préparer soi-même, d'essayer, d'employer tous les réactifs et d'utiliser les résidus, etc.; 3e édit., entièrement refondue et ornée de 51 fig. dans le texte. In-8; 1861. 7 fr. 50 c.

BASSET (**N**), Chimiste. — **Précis de Chimie pratique,** ou **Eléments de Chimie vulgarisée,** renfermant les faits les plus incontestables de la Science chimique, les formules et les équivalents, les méthodes les plus rationnelles de préparation et d'analyse des corps les plus usuels, ainsi que les principales applications de la chimie aux arts et à l'industrie. In-18 jésus de 642 pages, avec figures dans le texte; 1861. 5 fr.

BAUDUSSON. — **Le Rapporteur exact,** ou **Tables des cordes de chaque angle, depuis une minute jusqu'à cent quatre-vingts degrés, pour un rayon de mille parties égales,** augmenté de la nouvelle division du cercle en parties centésimales, ou **Tables** des cordes de tous les arcs du demi-cercle, de 10 en 10 minutes, avec une colonne des différences, au moyen de laquelle on peut prendre à vue les unités des minutes; par C. M. R. G., l'un des anciens Calculateurs des grandes Tables trigonométriques du Bureau du Cadastre. A l'usage des Ingénieurs du Cadastre, de ceux qui lèvent des plans au Graphomètre et qui s'occupent de la Gnomonique, ou art de tracer des Cadrans solaires. In-18, 4e édit.; 1861. 2 fr.

BENOIT (**P.-M.-N.**), ingénieur civil, ancien élève de l'Ecole Polytechnique, l'un des cinq fondateurs de l'Ecole centrale des Arts et Manufactures. — **La Règle à Calcul expliquée,** ou **Guide du Calculateur à l'aide de la Règle logarithmique à tiroir,** dans lequel on indique le moyen de construire cet instrument, et l'on enseigne à y opérer toutes sortes de calculs numériques. Fort vol. in-12, avec pl. 5 fr.

La **Règle à Calcul** (*Instrument*) se vend séparément 6 fr.

BERTHELOT, professeur de Chimie organique à l'École de Pharmacie. — **Chimie organique fondée sur la synthèse.** 2 forts volumes in-8 (1520 pages), tirés sur grand raisin; 1860. 20 fr.

BILLET, professeur de Physique à la Faculté des Sciences de Dijon. — **Traité d'Optique physique.** 2 forts vol. in-8 avec 14 pl. composées de 336 fig.; 1858. 15 fr.

BIOT, membre de l'Académie des Sciences et de l'Académie Française. — **Traité élémentaire d'Astronomie physique,** 3e édition, corrigée et augmentée. 5 volumes in-8 avec 94 planches; 1857. 65 fr.

BIOT (J.-B.). — **Études sur l'Astronomie indienne et l'Astronomie chinoise** (ouvrage posthume). In-8; 1862. 7 fr. 50 c.

BIOT. — **Tables barométriques portatives,** donnant les différences de niveau par une simple soustraction. In-8. 1 fr. 50 c.

BOILEAU (P.), professeur de Mécanique appliquée à l'École impériale d'application de l'Artillerie et du Génie. — **Traité de la Mesure des Eaux courantes.** In-4, avec 7 planches. 20 fr.

BONNET (Ossian), répétiteur à l'École Polytechnique. — **Leçons de Mécanique élémentaire,** à l'usage des Candidats à l'École Polytechnique et à l'École Normale supérieure. *Première partie* avec 135 figures intercalées dans le texte. In-8; 1858. 4 fr. 50 c.

BORGNIS. — **Traité élémentaire de Construction appliquée à l'Architecture civile,** contenant les principes qui doivent diriger, 1° le choix et la préparation des matériaux; 2° la configuration et les proportions des parties qui constituent les édifices en général; 3° l'exécution des plans déjà fixés; suivi de nombreuses applications puisées dans les plus célèbres monuments antiques et modernes, etc. 2e édition; in-4 d'environ 650 pages, et Atlas de 30 planches gravées par *Adam*; 1838. 25 fr.

BOUCHARLAT (J.-L.), professeur de Mathématiques transcendantes aux Écoles militaires. — **Théorie des Courbes et des Surfaces du second ordre, ou Traité**

complet d'application de l'**Algèbre à la Géométrie**. 3e édition, revue, corrigée et augmentée de **Notes** et des **Principes de la Trigonométrie rectiligne.** In-8, avec planches; 1845. 8 fr.

BOUCHARLAT (**J.-L.**). — **Eléments de calcul différentiel et de calcul intégral.** 7e édition, in-8, avec planches; 1858. 8 fr.

BOUCHARLAT (**J.-L.**), ancien professeur de Mathématiques transcendantes aux Écoles militaires. — **Éléments de Mécanique**. 4e édition; 1 volume in-8, avec 10 planches; 1861. 8 fr.

BOUCHARLAT. — **Remarques sur la partie élémentaire de l'Algèbre.** In-8. 1 fr.

BOUCHÉ (**A.**), professeur de Mathématiques au Lycée impérial et à l'École supérieure d'Angers. — **Notice sur les usages d'un nouveau système de Tables de Logarithmes**. In-8, avec une planche et figures dans le texte; 1862. 1 fr. 50 c.

BOUCHET (**Jules**), Chef des travaux graphiques à l'Ecole Centrale. — **Exercices de Dessin linéaire et de Lavis** à l'usage des aspirants à l'École centrale des Arts et Manufactures. (*Recueil approuvé par le Conseil des Etudes.*) In-folio oblong. 6 fr.

BOUILLET. — **Dictionnaire universel d'Histoire et de Géographie**, suivi d'un Supplément. Grand in-8, br. 21 fr.

Le cartonnage en percaline se paye en sus. 2 fr. 25 c.
La demi-reliure en chagrin. 4 fr.
Le **Supplément** seul, broché. 1 fr. 50 c.

BOUILLET. — **Dictionnaire universel des Sciences, des Lettres et des Arts**. Grand in-8, broché. 21 fr.

Le cartonnage en percaline se paye en sus. 2 fr. 25.
La demi-reliure en chagrin. 4 fr.

BOURDON, ancien Examinateur d'admission à l'École Polytechnique. — **Éléments d'Arithmétique.** 32e édit., rédigée conformément aux nouveaux Programmes de l'enseignement dans les Lycées. In-8; 1862. (*Adopté par l'Université.*) 4 fr.

BOURDON. — **Application de l'Algèbre à la Géométrie**, comprenant la Géométrie analytique à deux et à trois dimensions. 5e édit., rédigée conformément aux nouveaux *Programmes* de l'enseignement dans les Lycées. In-8, avec pl.; 1854. (*Adopté par l'Université.*) 7 fr. 50 c.

BOURDON — **Éléments d'Algèbre**, avec Notes signées *Prouhet*. 12e édit., in-8; 1860. (*Adopté par l'Université.*) 8 fr.

BOURDON. **Trigonométrie rectiligne et sphérique**, rédigée conformément aux nouveaux *Programmes* de l'enseignement dans les Lycées. In-8, avec figures dans le texte; 1854. (*Adopté par l'Université.*) 3 fr.

Ce Traité contient tout ce qu'il faut de Trigonométrie pour la préparation aux diverses écoles du Gouvernement.

BOURGEOIS et CABART, anciens élèves de l'École Polytechnique. — **Leçons nouvelles sur les applications pratiques de la Géométrie et de la Trigonométrie.** 2e édition, revue et corrigée, entièrement conforme aux *Programmes officiels*. In-8 avec pl.; 1857. 3 fr. 50 c.

BOUSSINGAULT, membre de l'Institut. — **Agronomie, Chimie agricole et Physiologie**, tomes I et II, 2e édit.; in-8 avec 5 planches; 1860-1861. 10 fr.

Chaque volume se vend séparément. 5 fr.

Dans le Ier volume l'auteur a réuni ce qui est relatif à l'action des principes les plus actifs des engrais sur le développement des plantes, au sol fertile considéré dans ses effets sur la végétation.

Dans le tome II l'auteur traite: Du terreau et de la terre végétale. — Instruction sur l'établissement des nitrières. — Des nitrates dans le sol et dans les eaux. — Sur la composition de l'air confiné dans la terre végétale. — Sur les propriétés absorbantes de la terre arable. — Sur le dosage de l'ammoniaque dans les eaux. — Sur la quantité d'ammoniaque contenue dans la pluie, la neige, la rosée et le brouillard reçus au Liebfrauenberg. — Sur le dosage de l'acide nitrique en présence des matières organiques. — Recherches sur la quantité d'acide nitrique contenue dans la pluie, le brouillard, la rosée et la grêle. — Expériences entreprises pour rechercher si l'azote qui est à l'état gazeux dans l'air atmosphérique, intervient dans le développement des mycodermes. — Recherches entreprises en Angleterre pour décider si l'azote qui est à l'état gazeux dans l'air atmosphérique est directement assimilable par les végétaux. — Sur la présence de l'ammoniaque et de l'acide nitrique dans la rosée artificielle. — Sur le gisement du nitrate de soude du Pérou. — De l'efficacité de la fumée pour préserver les vignes des gelées du printemps.

Le tome III est *sous presse*.

BRESSE, ingénieur des Ponts et Chaussées, professeur de Mécanique à l'École des Ponts et Chaussées, répétiteur à l'École Polytechnique. — **Cours de Mécanique appliquée**, professé à l'École impériale des Ponts et Chaussées. 1re partie, **Résistance des matériaux et Stabilité des constructions.** 2e partie, **Hydraulique.** 2 vol. in-8, avec figures dans le texte; 1859 et 1860. 16 fr.

Chaque partie se vend séparément. 8 fr.

BRESSON. — **Traité élémentaire de Mécanique appliquée aux Sciences physiques et aux Arts.** — **Mécanique des corps solides.** In-4, et atlas de 18 planches doubles. 15 fr.

BRIOSCHI (F.), professeur de Mathématiques à l'Université de Pavie. — **Théorie des Déterminants et leurs principales applications**; traduit de l'italien par M. *E. Combescure*, professeur de Mathématiques. In-8; 1856. 5 fr.

BRIOT, professeur de Mathématiques au Lycée Louis-le-Grand, maître de conférences à l'École Normale supérieure, et **BOUQUET**, professeur de Mathématiques spéciales au Lycée Louis-le-Grand, répétiteur à l'École Polytechnique. — **Théorie des fonctions doublement périodiques et en particulier des Fonctions elliptiques.** In-8, avec figures; 1859. 6 fr.

CAHOURS (Auguste), examinateur de sortie pour la Chimie à l'École impériale Polytechnique. — **Traité de Chimie générale élémentaire.** Leçons professées à l'École centrale des Arts et Manufactures. 2e édition. 3 vol. in-18 avec figures et planches; 1860. (*L'Introduction de cet ouvrage dans les Écoles publiques est autorisée par décision de S. Exc. M. le Ministre de l'Instruction publique et des Cultes en date du* 5 *août* 1862. 12 fr.

CAILLET (V.), examinateur de la Marine. — **Tables de réfractions astronomiques**; précédées d'un Rapport fait au Bureau des Longitudes par M. *Largeteau*, membre de l'Institut et du Bureau des Longitudes. In-8. 2 fr.

CATALAN (E.), ancien élève de l'École Polytechnique. — **Manuel des Candidats à l'École Polytechnique.**

Tome Ier : **Algèbre, Trigonométrie, Géométrie analytique à deux dimensions.** In-18, avec 167 figures dans le texte; 1857. 5 fr.

Tome II : **Géométrie analytique à trois dimensions, Mécanique.** In-18, avec 139 figures dans le texte; 1858. 4 fr.

Chaque volume se vend séparément.

CAUCHY (Aug.). — **Résumés analytiques.** 5 num. in-4. Turin; 1833. Ouvrage complet. 6 fr.

CAUCHY (Aug.). — **Nouveaux exercices de Mathématiques.** In-4 de 8 cahiers. Prague; 1835 et 1836. 12 fr.

CHARPENTIER (**F.-E.-A.**), ancien officier supérieur. — **De la Pesanteur terrestre.** In-8; 1859. 3 fr. 50 c.

CHASLES, membre de l'Institut. — **Les trois livres de Porismes d'Euclide**, rétablis pour la première fois, d'après la Notice et les Lemmes de Pappus, et conformément au sentiment de R. Simson sur la forme des énoncés de ces propositions. In-8, avec 259 figures; 1860. (*Cet ouvrage n'a été tiré qu'a 500 ex.*) 10 fr.

CHATEAU (**Théodore**), chimiste. — **Traité complet des Corps gras**, contenant l'histoire des provenances, des modes d'extraction, des propriétés physiques et chimiques, du commerce des corps gras, des altérations et des falsifications dont ils sont l'objet, et des moyens anciens et nouveaux de reconnaître ces sophistications. In-12; 1863. 4 fr.

CHEVREUL (**M.-E.**), membre de l'Institut — **De la Baguette divinatoire, du Pendule dit explorateur et des Tables tournantes, au point de vue de l'Histoire, de la Critique et de la Méthode expérimentale.** In-8. 3 fr.

CHOQUET, docteur ès Sciences et ancien répétiteur à l'École d'Artillerie de la Flèche, professeur de Mathématiques. — **Traité d'Algèbre.** In-8; 1856. 7 fr. 50 c.

Cette édition contient le supplément à l'**Algèbre** de MM. **MAYER et CHOQUET.** (*L'Introduction de cet ouvrage dans les Ecoles publiques a été autorisée par décision du Minitre de l'Instruction publique et des Cultes.*)

CLOQUET (**J.-B.**), ex-professeur de dessin à l'École des Mines et à celle de la Brigade topographique au Dépôt des Fortifications. — **Nouveau Traité élémentaire de Perspective**, à l'usage des artistes et des personnes qui s'occupent du Dessin, précédé des premières notions de la Géométrie élémentaire, de la Géométrie descriptive, de l'Optique et de la Projection des Ombres. In-4, et atlas de 84 pl., grav. avec le plus grand soin, dont plusieurs coloriées ; 1823. 25 fr.

COMBEROUSSE (Charles de), ingénieur civil, examinateur d'admission à l'Ecole centrale des Arts et Manufactures, répétiteur de Mécanique appliquée à la même Ecole, professeur de Mathématiques et de Mécanique au Collége Chaptal. — **Cours de Mathématiques**, à l'usage des Candidats à l'Ecole Centrale des Arts et Manufactures, pouvant servir également à tous les Elèves qui se destinent aux autres Ecoles du Gouvernement. 3 volumes. in-8, avec figures intercalées dans le texte et planches (pris ensemble). 25 fr.

Chaque volume se vend séparément.

Le Tome Ier, Arithmétique et Algèbre élémentaire (avec 21 figures dans le texte). 7 fr. 50 c.

Le Tome II, Géométrie plane, Géométrie dans l'espace, Complément de Géométrie, Trigonométrie, Complément d'Algèbre (avec 466 figures dans le texte). 10 fr.

Le Tome III, Géométrie analytique, Géométrie descriptive (avec Atlas de 53 pl., contenant 274 fig. 10 fr.

COMBES (Ch.), ingénieur en chef des Mines. — **Traité de l'Exploitation des Mines**. 3 volumes in-8, avec atlas. 45 fr.

Cette édition est la contrefaçon faite en Belgique de l'édition française qui est épuisée et que l'auteur a autorisé M. Mallet-Bachelier à faire entrer en France.

CONNAISSANCE DES TEMPS ou DES MOUVEMENTS CÉLESTES A L'USAGE DES ASTRONOMES ET DES NAVIGATEURS.

Prix de chaque année sans Aditions. 5 fr. »

1860, avec Additions par MM. Laugier et Liouville. 7 fr. 50 c.

1861, avec Additions par M. Delaunay. 7 fr. 50 c.

1862, avec Additions par M. Delaunay. 7 fr. 50 c.

1863, avec Additions par M. Delaunay. 7 fr. 50 c.

1864. (*Sous presse.*)

On peut se procurer la Collection complète, ou des années séparées de cet ouvrage, depuis 1760 jusqu'à ce jour.

CONSOLIN (B.), Maître Voilier entretenu de la Marine

impériale et professeur du Cours de Voilerie à Brest. — **Manuel du Voilier,** revu et publié par ordre de S. Exc. M. l'Amiral *Hamelin*, Ministre de la Marine. Ouvrage approuvé pour l'instruction des Élèves de l'École Navale et pour celle des Voiliers des arsenaux. Grand in-8 sur jésus, de 528 pages et 11 planches; 1859. 12 fr.

COSTE et PERDONNET, ingénieurs des Mines. — **Mémoires métallurgiques sur le traitement des Minerais de fer, d'étain et de plomb, dans la Grande-Bretagne;** faisant suite au **Voyage métallurgique** de MM. *Dufrénoy* et *Élie de Beaumont*, ingénieurs des Mines. In-8, avec atlas. 9 fr.

DARCY. — **Recherches expérimentales relatives au mouvement des eaux dans les tuyaux.** In-4 avec 12 grandes planches; 1857. 20 fr.

DELAISTRE (L.), professeur de Dessin général. — **Cours complet de Dessin linéaire, gradué et progressif,** contenant la Géométrie pratique, élémentaire et descriptive; l'Arpentage, le Levé des Plans et le Nivellement; le Tracé des Cartes géographiques; des Notions sur l'Architecture; le Dessin industriel; la Perspective linéaire et aérienne; le Tracé des ombres et l'étude du Lavis; publié en quatre Parties, composées de 60 planches et texte in-4 oblong à 2 colonnes, tirées sur jésus.

Prix de l'ouvrage complet cartonné. 15 fr.

Ouvrage donné en prix par la Société d'Encouragement pour l'Industrie nationale, aux CONTRE-MAITRES des Établissements industriels et choisi en 1862 *par S. Exc. M. le Ministre de l'Instruction publique pour les Bibliothèques scolaires.*

DELAMBRE, membre de l'Institut. — **Traité complet d'Astronomie théorique et pratique.** 3 vol. in-4, avec planches; 1814. 40 fr.

DELAMBRE. — **Histoire de l'Astronomie ancienne.** 2 vol. in-4, avec planches; 1817. 25 fr.

DELAMBRE. — **Histoire de l'Astronomie du moyen âge.** 1 vol. in-4, avec planches; 1819. 20 fr.

DELAMBRE. — **Histoire de l'Astronomie moderne.** 2 vol. in-4, avec planches; 1821. 30 fr.

DELAMBRE. — **Histoire de l'Astronomie au XVIII**^e^

siècle; publiée par M. *Mathieu*, membre de l'Académie des Sciences et du Bureau des Longitudes. In-4, avec planches; 1827. 20 fr.

DELAMBRE. — **Tables écliptiques des Satellites de Jupiter**, d'après la théorie de Laplace et la totalité des observations faites depuis 1662 jusqu'à l'an 1802. In-4; 1817. 10 fr.

DELISLE, examinateur de la Marine, et **GERONO.** — **Éléments de Trigonométrie rectiligne et sphérique**; 5e édition revue et augmentée. In-8; avec planches; 1859. 3 fr. 50 c.

DELISLE (A.), examinateur pour l'admission à l'École Navale, professeur émérite et officier de l'Université, et **GERONO,** professeur de Mathématiques. — **Géométrie analytique.** In-8, avec pl. **8 fr.**

DESBOVES, docteur ès Sciences, professeur au Lycée Bonaparte. — **EXERCICES POUR LES CLASSES DE MATHÉMATIQUES SPÉCIALES.** — **Théorèmes et Problèmes sur les Normales aux coniques.** In-8; 1861. 1 fr. 50 c.

DESBOVES, docteur ès Sciences, professeur au Lycée Bonaparte. — **EXERCICES POUR LES CLASSES DE MATHÉMATIQUES SPÉCIALES.** — **Géométrie analytique.** — **Théorie nouvelle des Normales aux surfaces de second ordre.** In-8, avec planche; 1862. 3 fr. 50 c.

D'ÉTROYAT, constructeur. — **Tables de mâture.** In-4, avec planches; 1858. 8 fr.

D'ÉTROYAT (Ad.), constructeur. — **Traité élémentaire d'Architecture navale. 3e partie, Détails de construction.** In-4 et atlas in-folio de 5 pl. 10 fr.

D'ÉTROYAT (Ad.). — **De la Carène du Navire et de l'Échelle de solidité.** In-4, avec 5 planches; 1856. 4 fr.

D'ÉTROYAT (Ad.). — **Embarcations des Navires de guerre et du commerce.** Grand in-4 avec atlas in-folio de 15 planches; 1856. 10 fr.

DUCOM. — **Cours complet d'observations nautiques,** avec les notions nécessaires au Pilotage et au Cabotage, augmenté de la puissance des effets des ouragans, typhons, tornados des régions tropicales. 3e édit.; 1859. 1 volume in-8. 15 fr.

DUFRÉNOY, ÉLIE DE BEAUMONT, LÉON COSTE et PERDONNET, ingénieurs des Mines. — **Voyage métallurgique en Angleterre**, ou Recueil de Mémoires sur le gisement, l'exploitation et le traitement des minerais de fer, étain, plomb, cuivre, zinc, dans la Grande-Bretagne. 2e édition, corrigée et considérablement augmentée; 2 forts vol. in-8, avec un atlas ensemble de 39 gr. pl., compris deux cartes géologiques de l'Angleterre, coloriées. 40 fr.

DUHAMEL, membre de l'Institut (Académie des Sciences). **Cours de Mécanique.** 3e édition, 2 volumes in-8, avec planches; 1862. 12 fr.

Le tome Ier est publié.

Le tome II est *sous presse.*

DUHAMEL. — Éléments de Calcul infinitésimal. 2e éd.; 2 vol. in-8, pl.; 1860. 12 fr.

DU MONCEL (Th.). — Exposé des applications de l'électricité. 5 vol. in-8, avec planches; 1856 à 1862. 46 fr.

On vend séparément :

Le tome II, **Applications mécaniques.** 10 fr.

Le tome III, **Applications physiques.** 8 fr.

Le tome IV, **Revue des applications en 1857 et 1858.** 10 fr.

Le tome V, **Revue des découvertes de 1859 à 1862.** 10 fr.

DU MONCEL.— Notice sur l'appareil d'induction électrique de Ruhmkorff, suivie d'un **Mémoire sur les courants induits.** 4e édit., in-8, avec fig.; 1859. 7 fr.

DU MONCEL (Th.). — Étude des lois des courants électriques au point de vue des applications électriques. In-8, avec figures; 1860. 4 fr.

DUPIN (Ch.), membre de l'Institut. — **Développements de Géométrie,** avec des applications à la stabilité des vaisseaux, aux déblais et remblais, au défilement, à l'optique, etc., pour faire suite à la *Géométrie descriptive* et à la *Géométrie analytique* de **Monge.** 1 vol. in-4, avec pl. 15 fr.

DUPIN (Ch.). — Applications de Géométrie et de Mécanique à la Marine, aux Ponts et Chaussées, etc., pour faire suite aux *Développements de Géométrie*, 1 vol. in-4, avec 17 planches; 1822. 10 fr.

ÉBELMEN, ingénieur en chef au Corps impérial des Mines, professeur de Docimacie à l'École des Mines de Paris, administrateur de la Manufacture impériale de Porcelaine de Sèvres. — **Chimie, Céramique, Géologie, Métallurgie**, revues et corrigées par M. *Salvétat*, chimiste à la Manufacture impériale de Sèvres, suivies d'une Notice sur la vie et les travaux de l'auteur, par M. *Chevreul*, membre de l'Institut. 3 forts vol. in-8, avec figures dans le texte (deuxième tirage); 1861. 15 fr.

ENDRÈS (E.), ancien élève de l'École Polytechnique, ingénieur des Ponts et Chaussées. — **Manuel du Conducteur des Ponts et Chaussées**, d'après le dernier *Programme officiel des examens.* Ouvrage indispensable aux Conducteurs et Employés secondaires des Ponts et Chaussées et des Compagnies de Chemins de fer, aux Agents voyers et à tous les Candidats à ces emplois. 3e édition, 2 vol. in-8, avec 577 figures dans le texte et 4 planches d'instruments dessinés et gravés d'après les meilleurs modèles; 1860. 13 fr.

ENDRÈS (E.), ancien élève de l'École Polytechnique, ingénieur des Ponts et Chaussées. — **Vade-Mecum administratif de l'Entrepreneur des Ponts et Chaussées**, ou **Recueil raisonné des documents relatifs à l'adjudication, à l'exécution et au règlement des travaux, avec l'exposé détaillé de la procédure et de la jurisprudence des Conseils de Préfecture et du Conseil d'État.** Ouvrage utile à toutes les personnes chargées de projeter, diriger ou exécuter des travaux à l'Entreprise. In-12; 1859. 3 fr. 50 c.

EUCLIDE. — OEuvres en grec, latin et français, d'après un manuscrit très-ancien, qui était resté inconnu jusqu'à nos jours; par *Peyrard*, traducteur des OEuvres d'Archimède, ouvrage approuvé par l'Académie des Sciences. 3 vol. in-4; 1814, 1817 et 1818. 30 fr.

EVANS (O.). — Manuel de l'Ingénieur Mécanicien constructeur de machines à vapeur; trad. de l'anglais, par *Doolittle*, 3e éd.; in-8, 7 pl. 5 fr.

FATON (le P.), de la Compagnie de Jésus. — **Traité d'Arithmétique théorique et pratique**, en rapport avec les nouveaux *Programmes* d'enseignement, terminé par une petite Table de Logarithmes disposée comme les Tables de Callet. Chaque théorie est suivie d'un choix d'Exercices gradués de calcul et d'un grand nombre de

Problèmes, 3e édition, revue et corrigée. In-12; 1861. (*L'introduction de cet ouvrage dans les Ecoles publiques a été autorisée par décision du Ministre de l'Instruction publique et des Cultes*). 2 fr. 75 c.

FATON (le **P.**). — **Questionnaire sur les premiers éléments de l'Arithmétique**, à l'usage des établissements qui suivent le *Traité d'Arithmétique* de cet auteur. In-12; 1861. 75 c.

FLAMMARION (**Camille**), ancien calculateur à l'Observatoire impérial de Paris, professeur d'Astronomie. — **La Pluralité des Mondes habités.** Étude où l'on expose les conditions d'habitabilité des terres célestes, discutées au point de vue de l'Astronomie et de la Physiologie. In-8; 1862. 2 fr.

FLANDIN (**Ch.**), docteur en médecine de la Faculté de Paris. — **Traité des Poisons, ou Toxicologie appliquée à la Médecine légale, à la Physiologie et à la Thérapeutique.** 3 vol. in-8, avec planches; 1853. 21 fr.

Les tomes II et III se vendent séparément. 14 fr.

FRANCŒUR (**L.-B.**). — **Uranographie**, ou **Traité élémentaire d'Astronomie**, à l'usage des personnes peu versées dans les Mathématiques, des Géographes, des Marins, des Ingénieurs, accompagnée de Planisphères. 6e édition, revue, corrigée et augmentée d'une **Notice sur la Vie et les Ouvrages de l'Auteur**, par M. *Francœur* fils, professeur de Mathématiques spéciales au Collége Chaptal et à l'Ecole des Beaux-Arts. (Dédiée à M. *F. Arago*.) 1 vol. in-8, avec planches; 1853. 10 fr.

FRANCŒUR (**L.-B.**). — **Cours complet de Mathématiques pures**, ouvrage destiné aux Élèves des Ecoles Normale et Polytechnique, et aux candidats qui se préparent à y être admis. 4e édition; 2 vol. in-8, avec pl.; 1837. 12 fr.

FRANCOEUR (**L.-B.**). — **Traité de Géodésie**, comprenant la Topographie, l'Arpentage, le Nivellement, la Géomorphie terrestre et astronomique, la Construction des Cartes, la Navigation; augmenté de **Notes sur la mesure des bases**, par M. *Hossard*, lieutenant-colonel aux Ingénieurs-géographes, professeur d'Astronomie à l'Ecole Polytechnique. 3e édition, revue et corrigée par M. *Francœur* fils, professeur de Mathématiques à l'Ecole des Beaux-Arts. In-8, avec planches; 1855. 10 fr.

FREYCINET (**Charles de**), ingénieur au corps impérial des Mines. — **Traité de Mécanique rationnelle**, comprenant la Statique comme cas particulier de la Mécanique, avec figures dans le texte. 2 vol. in-8; 1858. 14 fr.

FREYCINET (**Charles de**). — **De l'Analyse infinitésimale, Étude sur la métaphysique du haut calcul.** In-8; avec fig.; 1860. 6 fr.

Dans cet ouvrage les conceptions fondamentales sont présentées au point de vue philosophique. L'analyse est divisée en deux parties, le *calcul* proprement dit et la *méthode*. Cette seconde partie comporte d'assez grands développements, destinés à mettre en lumière le rôle du calcul dans les questions infinitésimales et à rendre compte de ce qui assure la rigueur des résultats à travers l'apparente inexactitude des procédés.

FREYCINET (**Charles de**), chef de l'exploitation des chemins de fer du Midi. — **Des Pentes économiques en chemins de fer. Recherches sur les dépenses des rampes.** In-8; 1861. 6 fr.

C'est une théorie rationnelle des rampes de chemins de fer. L'auteur donne des formules simples et rigoureuses qui permettent de déterminer, dans chaque cas particulier, la pente la plus avantageuse à adopter au double point de vue des dépenses de construction et d'exploitation.

GARNIER (**F.**), ingénieur au corps des Mines, ancien élève de l'École Polytechnique. — **Traité sur les Puits artésiens.** 2e édition, revue et augmentée, avec 25 pl.; in-4. 15 fr.

GAUGAIN (**J.-M.**). — **Théorie mathématique des courants électriques**; traduit de l'allemand de *G.-S. Ohm*, augmentée de Préface et Notes. In-8, avec figures dans le texte; 1860. 5 fr.

GAUSS (Ch.-Fr.) — **Méthode des moindres carrés.** Mémoires sur la combinaison des observations. Traduits en français et avec l'autorisation de l'auteur, par M. *J. Bertrand*, membre de l'Institut. In-8; 1855. 4 fr.

GIFFARD (**H.**). — **Notice théorique et pratique sur l'Injecteur automoteur, breveté, propre à l'alimentation des chaudières à vapeur et à l'élévation de l'eau.** (Prix de Mécanique décerné par l'Académie des Sciences, concours de 1859.) Appareil inventé en 1858 par M. *Henry*

Giffard, construit par M. *H. Flaud*, et par plusieurs Compagnies. 2e édit. 1 vol. in-4, avec 2 pl.; 1861. 3 fr. 50 c.

GINOT-DESROIS (Mlle). — **Planisphère mobile**, au moyen duquel on peut apprendre l'Astronomie seul et sans le secours des Mathématiques. 7e éd.; 1847, sur carton. 4 fr.

GINOT-DESROIS (Mlle). — **Description et usages du Calendrier astronomique perpétuel**, donnant le quantième des mois, les jours de la semaine, les phases de la Lune, la place du Soleil dans l'écliptique pour un jour donné, le lever, le passage au méridien, le coucher de ces astres et des étoiles, ainsi que les principales éclipses de Soleil visibles à Paris depuis 1858 jusqu'en 1874, dans l'ordre de leur grandeur et dimension. 2e édition, revue et augmentée d'indications nouvelles. In-8 avec le **PLANISPHÈRE**; 1861. 5 fr.

GIRARD (Aimé), *voyez* **RUSSELL**, page 33.

GOSSART (A.). — **Sténarithmie** ou **Abréviation des Calculs**, Complément indispensable de toutes les Arithmétiques. Cet ouvrage est entièrement composé de méthodes nouvelles qui simplifient les opérations de l'Arithmétique, d'observations très-curieuses sur les nombres, les compléments, les puissances et les racines de tous les degrés; il donne le moyen d'obtenir ces dernières par de simples divisions, et renferme, relativement au calcul mental, des préceptes fort étendus au moyen desquels on peut résoudre une foule de problèmes sans le secours de la plume. In-12; 2e édition; 1853. 1 fr.

GOURNERIE (de la). — **Traité de Géométrie descriptive.** In-4, publié en trois *Parties* avec Atlas de 156 pl.; 1860-1862. 30 fr.

Chaque Partie se vend séparément. 10 fr.

La 1re *Partie* contient quatre chapitres qui sont consacrés, 1° à la ligne droite et au plan; 2° au cône, au cylindre et aux surfaces de révolution; 3° aux projections cotées; 4° aux perspectives axonométrique, monodymétrique, isométrique et cavalière. Les deux premiers livres contiennent tout ce qui est exigé pour l'admission à l'Ecole Polytechnique.

La 2e *Partie* comprend le Ve livre, relatif à la détermination des Ombres, avec figures géométrales, axonométriques et cavalières, et les VIe et VIIe livres consacrés aux surfaces développables et gauches.

La 3e *Partie* est *sous presse*.

GOURNERIE (de la), ingénieur en chef des Ponts et Chaussées, professeur de Géométrie descriptive à l'Ecole Polytechnique et au Conservatoire des Arts et Métiers. — **Traité de Perspective linéaire,** contenant les tracés pour les tableaux, plans et courbes, les bas-reliefs et les décorations théatrales, avec une théorie des effets de perspective. Cet ouvrage est conforme au cours de perspective, qui fait partie de l'enseignement de la géométrie descriptive au Conservatoire impérial des Arts et Métiers et a été honoré de la souscription de *S. Exc. M. le Ministre de l'Agriculture, du Commerce et des Travaux publics.* In-4, avec atlas de 45 planches in-folio dont 8 doubles; 1859. 40 fr.

GRANDEAU, *voyez* **LAUGEL**, page 24.

GUILBAUT (H.), de Saintes. — **Direction des aérostats.** Système nouveau fondé sur des expériences : Application des faits et principes reconnus par la science et les aéronautes. In-4, avec planches; 1861. 3 fr.

GUIONNEAU DE PAMBOUR. — **Théorie des Machines à vapeur.** In-4, et atlas de 23 pl. 50 fr.

GUIONNEAU DE PAMBOUR. — **Calcul de la Force des machines à vapeur pour la navigation ou l'industrie et pour l'achat des machines.** In-8. 2 fr. 50 c.

GUIOT. — **Éléments de Perspective linéaire,** comprenant la théorie et les procédés pratiques de cette science. 2e édition, in-8, avec atlas in-folio oblong de 37 planches; 1847. 10 fr.

HATON DE LA GOUPILLIÈRE, ingénieur des Mines, professeur à l'École des Mines. — **Éléments du calcul infinitésimal.** In-8, avec fig. dans le texte; 1860. 6 fr.

HATON DE LA GOUPILLIÈRE (J.-N.), ingénieur des Mines, professeur de Mécanique à l'École impériale des Mines, professeur-suppléant de Mécanique à la Faculté des Sciences de Paris, répétiteur de Mécanique à l'École Polytechnique. — **Traité théorique et pratique des Engrenages.** In-8, avec figures dans le texte; 1861. 3 fr. 50 c.

HANSEN, directeur de l'Observatoire de Gotha. — **Mémoire sur la détermination des Perturbations absolues dans les ellipses d'une excentricité et d'une inclinaison quelconques.** Traduit de l'allemand par M. *Victor Mauvais,* membre de l'Académie des Sciences. Grand in 8; 1845. 5 fr.

HANSEN, directeur de l'Observatoire de Seeberg. — **Mémoire sur le Calcul des Perturbations qu'éprouvent les Comètes.** In-4; 1857. 10 fr.

HEEGMANN. — **Théorie de la réfraction astronomique.** In-8; 1856. 1 fr. 50 c.

HIRN (G.-A.). — **Exposition analytique et expérimentale de la Théorie mécanique de la Chaleur,** contenant la traduction du livre de *G. Zeuner: Grundzüge der mecanischen Warmetheorie.* In-8, avec planches; 1862. 14 fr.

HIRN (C.-F.). — **Notice sur la transmission télodynamique.** Short Notice of the telodynamic transmission of motive power. La traduction française est en regard du texte anglais. In-8, avec planches; 1862. 1 fr. 50 c.

HOMMEY, capitaine de frégate en retraite. **Tables d'angles horaires.** 2 volumes grand in-8 en tableaux. 20 fr.

HOUEL, docteur ès sciences, ancien élève de l'École Normale. — **Tables de Logarithmes à cinq décimales**, pour les nombres et les lignes trigonométriques; suivies des **Logarithmes d'addition et de soustraction ou Logarithmes de Gauss et de diverses Tables usuelles.** In-8; 1858. (*L'introduction de cet ouvrage dans les Écoles publiques est autorisée par décision du Ministre de l'Instruction publique et des Cultes en date du 22 août 1859.*) 2 fr.

HUDELOT (A.), capitaine d'état-major. **PLANS COTÉS: Introduction aux Cours de Topographie et de Fortification**, à l'usage des Sous-Officiers. 2 vol. in-8, dont un composé de 12 planches; 1861. 6 fr.

IMBARD. — **De la Mesure du Temps, et Description de la Méridienne verticale portative du Temps vrai et du Temps moyen pour régler les pendules et les montres, etc.** 2e édition. In-18, avec planches; 1857. 1 fr.

INSTITUT DE FRANCE.

COMPTES RENDUS HEBDOMADAIRES DES SÉANCES DE L'ACADÉMIE DES SCIENCES, publiés conformément à une décison de l'Académie, en date du 13 juillet 1835, par MM. *Arago, Flourens, Élie de Beaumont*, Secrétaires perpétuels.

Ces **Comptes rendus** paraissent régulièrement tous les dimanches, en un cahier de 30 à 40 pages; quelquefois de 80 à 120. Ils forment à la fin de l'année, *deux volumes* in-4, ensemble de 2400 à 3000 pages. Deux tables, l'une par ordre alphabétique de matières, l'autre par ordre alphabétique de noms d'auteurs, terminent chaque volume.

Prix de l'*abonnement franco* :

Pour Paris. 20 fr. || Pour les départements. 30 fr.

La collection complète, de 1835 à 1861, forme 53 volumes in-4. 527 fr. 50 c.

Chaque année se vend séparément. 20 fr.

TABLE GÉNÉRALE DES COMPTES RENDUS DES SÉANCES DE L'ACADÉMIE DES SCIENCES, publiés par MM. les Secrétaires perpétuels, conformément à une décision de l'Académie. Cette Table, par ordre de matières et par ordre alphabétique de noms d'auteurs, comprend les années 1835 à 1850. Fort vol. in-4 à deux colonnes. 20 fr.

SUPPLÉMENT AUX COMPTES RENDUS DES SÉANCES DE L'ACADÉMIE DES SCIENCES.

Tome Ier, contenant : 1° **Mémoire sur quelques points de la Physiologie des Algues**; par MM. *Derbès* et *Solier*. 2° **Mémoires sur le Calcul des Perturbations qu'éprouvent les Comètes**; par M. *Hansen*. 3° **Mémoire sur le Pancréas**; par M. *Cl. Bernard*. In-4 avec planches; 1856. 25 fr.

Le tome II contient 1° **Mémoire sur les Vers intestinaux**; par M. *P.-J. Van Beneden*. — 2° **Essai d'une Réponse à la question de Prix proposée en 1850 par l'Académie des Sciences pour le Concours de 1853, et puis remise pour celui de 1856,** savoir : « Étudier » les lois de la distribution des corps organisés fossiles » dans les différents terrains sédimentaires, suivant l'or- » dre de leur superposition. — Discuter la question de » leur apparition ou de leur disparition successive ou si- » multanée. — Rechercher la nature des rapports qui » existent entre l'état actuel du règne organique et ses » états antérieurs; » par M. le Professeur *Bronn*. In-4, avec planches; 1861. 25 fr.

JAMIN (**N.-J.**), professeur de Physique à l'École Polytechnique. — **COURS DE PHYSIQUE DE L'ÉCOLE POLYTECHNIQUE.**

Le Cours complet formera 3 vol. in-8 avec figures intercalées dans le texte, et planches sur acier.

Le Ier *volume*, contenant 568 pages, avec 270 figures intercalées dans le texte, une planche sur acier, *se vend séparément.* 12 fr.

Ce Ier volume, dont *l'introduction dans les Écoles publiques est autorisée par décision du Ministre de l'Instruction publique et des Cultes en date du* 22 *août* 1859, renferme la matière de l'enseignement des Lycées : les développements y sont étendus, mais élémentaires, et l'on n'y a fait usage que des connaissances mathématiques possédées par les candidats ; il contient l'étude des propriétés générales des Solides, des Liquides et des Gaz, l'Electricité statique et le Magnétisme.

Les deux autres volumes répondent chacun aux deux années de l'École Polytechnique :

L'un, qui est le deuxième de l'ouvrage, comprend la Chaleur et l'Acoustique (544 pages, 191 figures intercalées dans le texte, 3 planches dont 2 sur acier).

L'autre, qui est le troisième, renfermera la Théorie des Piles, la Rhéométrie, les Propriétés des Courants, puis l'Étude géométrique et théorique de la Lumière.

Prix des volumes II et III (ENSEMBLE). 20 fr.

Le volume II a paru, ainsi que le 1er *fascicule du tome III, contenant l'Électricité dynamique. Le* 2e *fascicule, qui contiendra l'Optique, est sous presse.*

JONQUIÈRES (**E.** de), lieutenant de vaisseau. — **Mélanges de Géométrie pure,** comprenant diverses applications des théories exposées dans le **Traité de Géométrie supérieure** de M. *Chasles,* au mouvement infiniment petit d'un corps solide libre dans l'espace, aux sections coniques, aux courbes du troisième ordre, etc., et la traduction du **Traité** de *Maclaurin* **sur les Courbes du troisième ordre.** In-8, avec planches ; 1856. 5 fr.

JOUBERT (le **P.**), de la Compagnie de Jésus. — **Sur la théorie des fonctions elliptiques et son application à la théorie des nombres.** 1860. 2 fr.

JOURNAL DE MATHÉMATIQUES PURES ET APPLIQUÉES, ou **Recueil mensuel de Mémoires sur**

les **diverses parties des Mathématiques**, publié par *J. Liouville*, membre de l'Institut et du Bureau des Longitudes.

1re Série, 20 volumes in-4°, années 1836 à 1855, au lieu de 600 francs, 400 francs, payables de la manière suivante : 100 fr. comptant, et les 300 fr. restants en trois bons de 100 fr. de six mois en six mois à l'ordre de M. Mallet-Bachelier, à partir de l'époque de la livraison des 20 volumes.

Chaque volume pris séparément, au lieu de 30 fr. 25 fr.

La 2e Série, commencée en 1856, continue de paraître chaque mois par cahier de 32 à 48 pages.

Prix de l'abonnement, par année, pour Paris. 30 fr.
Pour les Départements. 35 fr.
Pour l'Étranger. 45 fr.

JOURNAL DE MATHÉMATIQUES PURES ET APPLIQUÉES; par M. *Liouville*, membre de l'Académie des Sciences. — **Table générale des 20 volumes** composant la **1re Série.** In-4. 3 fr. 50 c.

JULIEN (**Stanislas**), membre de l'Institut. — **Histoire et Fabrication de la Porcelaine chinoise.** Ouvrage traduit du chinois, accompagné de Notes et Additions par M. *Alphonse Salvétat*, chimiste à la Manufacture impériale de Porcelaine de Sèvres, et augmenté d'un **Mémoire sur la Porcelaine du Japon,** traduit du japonais, par M. le docteur *Hoffmann*.(*Dédié à Monsieur le Ministre de l'Instruction publique.*) Beau volume imprimé sur grand raisin fin glacé, avec 14 planches, figures gravées sur bois, et une carte de la Chine indiquant l'emplacement des manufactures de porcelaine anciennes et modernes. Grand in-8; 1856. 12 fr.

JULLIEN (**le P.**), de la Compagnie de Jésus. — **Problèmes de Mécanique rationnelle** disposés pour servir d'applications aux principes enseignés dans les Cours. Cet ouvrage renferme les questions nouvellement introduites dans le Programme de la Licence et de nombreuses applications pratiques. 2 volumes in-8, avec fig. dans le texte; 1855. 12 fr.

JURGENSEN. — **Principes de l'exacte mesure du Temps par les horloges**; ou Résumé des principes de construction des horloges pour la plus exacte mesure du temps, etc.; 2e édition. In-4, et atlas de 17 pl. gravées par *Le Blanc.* 20 fr.

JURGENSEN. — **Mémoires sur l'horlogerie exacte,** contenant : 1° Remarques sur l'Horlogerie exacte, et proposition d'un échappement libre (à double roue); 2° Description de l'échappement libre (à double roue); de l'Isochronisme des vibrations du pendule, etc., etc. Paris, 1832; in-4, avec 5 planches. 6 fr.

LACROIX (S.-F.). — **Éléments de Géométrie.** (1re Partie, *Géométrie plane.* CLASSE DE TROISIÈME. — 2e Partie. *Géométrie dans l'espace.* CLASSE DE SECONDE. — 3e Partie. *Complément de Géométrie.* CLASSE DE MATHÉMATIQUES SPÉCIALES. — 4e Partie. *Notions sur les courbes usuelles.* CLASSE DE RHÉTORIQUE. 18e édit.; conforme aux *Programmes officiels* de l'enseignement dans les Lycées; revue et corrigée par M. *Prouhet,* professeur de Mathématiques. In-8, avec 220 figures dans le texte; 1863. (*L'introduction de cet ouvrage dans les Écoles publiques a été autorisée par décision de S. Exc. le Ministre de l'Instruction publique et des Cultes en date du 27 juillet 1861.*) 4 fr.

LACROIX. — **Éléments d'Algèbre,** à l'usage des candidats aux Écoles du Gouvernement, 21e édit., revue, corrigée et annotée conformément aux *nouveaux Programmes* de l'enseignement dans les Lycées, par M. *Prouhet,* professeur de Mathématiques. In-8; 1854. (*L'introduction de cet ouvrage dans les Écoles publiques a été autorisée par S. Exc. le Ministre de l'Instruction publique et des Cultes le 27 juillet 1861.*) 6 fr.

LACROIX. — **Introduction à la connaissance de la Sphère.** In-18; avec planches; 1852. 1 fr. 25 c.

LACROIX (S.-F.). — **Traité élémentaire du Calcul différentiel et du Calcul intégral.** 6e édition, revue et augmentée de Notes par MM. *Hermite* et *J.-A. Serret,* membres de l'Institut. 2 volumes in-8 avec planches; 1861-1862. 15 fr.

Cette nouvelle édition du *Traité élémentaire de Calcul différentiel et de Calcul intégral* de Lacroix est exactement conforme à la précédente, publiée en 1837 sous les yeux de l'auteur; elle en diffère seulement par les Notes qui y ont été ajoutées et que MM. Hermite et J.-A. Serret ont bien voulu rédiger. Ces Notes se rapportent à diverses questions importantes d'analyse; leur étendue est telle, qu'il a paru indispensable de diviser l'ouvrage de manière à en composer deux volumes. Le premier volume comprend les *Éléments du Calcul différentiel et du Calcul intégral*, et l'on a réuni dans le second volume l'*Appendice relatif à la théorie des différences et des séries*, les *Notes* de Lacroix qui faisaient partie de la précédente édition, et enfin les Notes nouvelles de MM. Hermite et Serret.

LAGRANGE. — Théorie des Fonctions analytiques. 3e édit., revue par M. *Serret*; in-4; 1847. 18 fr.

LAGRANGE. — Mécanique analytique. 3e édition, revue, corrigée et annotée par M. *J. Bertrand*. 2 vol. in-4; 1855. 40 fr.

LALANDE. — Tables de Logarithmes pour les Nombres et les Sinus à CINQ DÉCIMALES; revues par le baron *Reynaud*. Nouvelle édition augmentée de *Formules pour la Résolution des Triangles*, par M. *Bailleul*, directeur de l'imprimerie Mallet-Bachelier. In-18; 1861. (*L'introduction de cet Ouvrage dans les Écoles publiques a été autorisée par décision du Ministre de l'Instruction publique et des Cultes.*) 2 fr.

LALANDE. — Tables de Logarithmes, étendues à **SEPT DÉCIMALES**, par *F.-C.-M. Marie*, précédées d'une Instruction dans laquelle on fait connaître les limites des erreurs qui peuvent résulter de l'emploi des Logarithmes des nombres et des lignes trigonométriques; par le baron *Reynaud*. Nouvelle édition augmentée de *Formules pour la Résolution des Triangles*, par M. *Bailleul*, directeur de l'imprimerie de Mallet-Bachelier. In-12; 1861. 3 fr. 50 c.

LAMARLE (Ernest), ingénieur en chef des Ponts et Chaussées. — **Exposé général du Calcul différentiel et intégral**, précédé de la Cinématique du point, de la droite et du plan, et fondé tout entier sur les notions les plus élémentaires de la Géométrie plane. In-8, avec figures dans le texte; 1861. 3 fr.

LAMÉ (G.), membre de l'Institut. — **Leçons sur les fonctions inverses des transcendantes et les Surfaces isothermes.** In-8 avec figures dans le texte; 1857. 5 fr.

LAMÉ (G.). — Leçons sur les Coordonnées curvilignes et leurs diverses applications. In-8, avec figures dans le texte; 1859. 5 fr.

LAMÉ, membre de l'Institut. — **Leçons sur la Théorie mathématique de l'élasticité des corps solides.** In-8, avec planches; 1852. 5 fr.

LAMÉ (G.), membre de l'Institut. — **Leçons sur la théorie analytique de la Chaleur.** In-8 avec figures dans le texte ; 1861. 6 fr. 50 c.

LAPLACE. — **Exposition du Système du Monde**, 6e édition, précédée de l'**Éloge de l'auteur** par M. le baron *Fourier*. In-4, papier fin, avec portrait ; 1835. 15 fr.

LAPLACE. — **Essai philosophique sur les Probabilités.** 6e édition, in-8 ; 1840. 5 fr.

LAUGEL (**Aug.**), ancien élève de l'École Polytechnique, ex-ingénieur des Mines. — **Science et Philosophie.** In-18, sur jésus satiné ; 1863. 3 fr. 50 c.

LAUGEL (**Aug.**), ancien élève de l'École Polytechnique, ex-ingénieur des Mines, et **GRANDEAU**, docteur ès Sciences, professeur de Chimie. — **Revue des Sciences et de l'Industrie.** 1re année, 1862. In-12. 3 fr. 50 c.

LAUR. — **Traité de Géodésie pratique simplifiée.** 2 vol. in-8, avec 15 pl. ; 1855. 10 fr.

C'est le seul ouvrage géodésique qui traite à fond l'Expertise des terres et le Drainage d'après les meilleurs systèmes connus.

LAURENT (**Auguste**), membre correspondant de l'Institut. — **Méthode de Chimie**, précédée d'un *Avis au Lecteur*, par M. *J.-B. Biot*, membre de l'Institut. In-8, avec figures dans le texte ; 1854. 8 fr.

LAURENT (**H.**), officier du Génie, ancien élève de l'École Polytechnique. — **Théorie des Séries**, contenant : 1° les Règles de convergences et les propriétés fondamentales des Séries ; 2° l'Étude et la Sommation de quelques Séries ; 3° quelques applications de la Théorie des Séries au calcul des expressions transcendantes. Ouvrage destiné aux Candidats des Écoles Polytechnique et Normale, et aux personnes qui désirent suivre les Cours des Facultés des Sciences. In-8 ; 1862. 4 fr.

LAUSSEDAT (**A.**), capitaine du Génie. — **Leçons sur l'Art de lever les Plans**, comprenant **les levers de terrain et de bâtiment, la pratique de nivellement ordinaire et le lever des courbes horizontales à l'aide des instruments les plus simples.** Ouvrage utile aux Propriétaires, aux Agents des travaux publics, aux Instituteurs primaires, aux Élèves des Écoles normales et industrielles et aux Sous-Officiers de l'armée. In-4° avec 10 planches ; 1861. 5 fr.

LEFORT (F.), ingénieur en chef des Ponts et Chaussées, membre correspondant de l'Académie des Sciences de Naples. — **Tables des surfaces de déblai et de remblai, des largeurs d'emprise et des longueurs des talus**, relatives à un chemin de fer à deux voies ou à une **ROUTE DE 10 MÈTRES** de largeur entre fossés, pour des cotes sur l'axe de 0^m à 15^m et pour des déclivités sur le profil transversal de 0^m à $0^m,25$. Grand in-8 sur jésus; 1861. 3 fr.

LEFORT (F.), ingénieur en chef des Ponts et Chaussées, membre correspondant de l'Académie des Sciences de Naples. — **Tables des surfaces de déblai et de remblai, des largeurs d'emprise et des longueurs des talus**, relatives à un chemin de fer à une voie ou à une **ROUTE DE 6 MÈTRES** de largeur entre fossés, pour des cotes sur l'axe de 0^m à 15^m, et pour des déclivités sur le profil transversal de 0^m à $0^m,25$. Grand in-8 sur jésus; 1862. 3 fr.

Ces Tables, que vient d'éditer la maison Mallet-Bachelier, ont été clichées et imprimées avec des soins peu usités pour des ouvrages de ce genre, soins indispensables cependant, si l'on veut assurer l'exactitude des résultats et ménager la vue des calculateurs.

Son Excellence M. le Ministre de l'Agriculture, du Commerce et des Travaux publics a souscrit, pour le compte de son département, à 1000 exemplaires de cet Ouvrage. Les Compagnies des Chemins de Fer de l'Est, du Midi, et la Compagnie des Chemins de Fer du nord de l'Espagne, ont également favorisé la publication par des souscriptions importantes.

Les Tables relatives à l'établissement des Routes de 8 mètres de largeur sont *Sous presse*.

LEFÈVRE. — **Abrégé du nouveau traité de l'Arpentage**, ou **Guide pratique et mémoratif de l'Arpenteur**, particulièrement destiné aux personnes qui n'ont point étudié la Géométrie, contenant toutes les méthodes nécessaires pour l'Arpentage, le Levé des plans, l'Aménagement des bois, le Nivellement, le Toisé; suivi d'un nouveau mode d'observer les angles d'une triangulation, etc. Gros vol. in-12; avec 18 pl., dont une coloriée. 7 fr.

LEPAUTE. — **Traité d'Horlogerie**, contenant tout ce qui est nécessaire pour bien connaître et pour régler les pendules et les montres, la description des pièces d'horlogerie les plus utiles, etc. In-4, avec 17 pl. 15 fr.

LEROY. — **Traité de Géométrie descriptive.** 6e édition, revue et annotée par M. *Martelet,* Professeur à l'Ecole centrale des Arts et Manufactures. In-4, avec atlas de 71 planches ; 1862. 16 fr.

LEROY (C.-F.-A.), ancien professeur à l'Ecole Polytechnique et à l'Ecole Normale supérieure. — **Traité de Stéréotomie,** comprenant les **Applications de la Géométrie descriptive à la Théorie des Ombres, la Perspective linéaire, la Gnomonique, la Coupe des Pierres et la Charpente.** 3e édition revue et annotée par M. *E. Martelet,* ancien élève de l'Ecole Polytechnique, professeur de Géométrie descriptive à l'Ecole centrale des Arts et Manufactures. In-4, avec atlas de 74 pl. in-folio; 1862. 26 fr.

LEROY. — **Analyse appliquée à la Géométrie des trois dimensions.** 4e édition, revue et corrigée; in-8, avec planches ; 1854. 5 fr.

LE VERRIER (U.-J.). — **Théorie du mouvement de Mercure.** Grand in-8; 1845. 5 fr.

LE VERRIER (U.-J.). — **Mémoire sur les variations séculaires des éléments des orbites pour les sept planètes principales : Mercure, Vénus, la Terre, Mars, Jupiter, Saturne et Uranus.** Grand in-8, avec pl.; 1843. 3 fr. 50 c.

LE VERRIER (U.-J.). — **Recherches sur les mouvements de la planète Herschel.** Grand in-8; 1846. 5 fr.

LHUILLIER et PETIT. — **Dictionnaire des termes de Marine,** français et espagnols. In-8 ; 1810. 5 fr.

LIONNET (E.), agrégé de l'Université, professeur de Mathématiques pures et appliquées au Lycée Louis-le-Grand, examinateur suppléant d'admission à l'Ecole Navale. — **Éléments d'Arithmétique,** 3e édition, rédigée conformément au *Programme officiel des Lycées.* In-8, avec fig. dans le texte; 1857. (*Autorisé par l'Université.*) 4 fr.

LIONNET (E.) — **Algèbre élémentaire,** à l'usage des Candidats au Baccalauréat ès Sciences et aux Écoles du Gouvernement, et rédigée conformément aux Programmes officiels des Lycées. 2e édition, augmentée de la **Partie exigée pour l'admission à l'Ecole centrale des Arts et Manufactures.** In-8 ; 1858. 4 fr.

LORRAIN (Claude). — **Dictionnaire universel des Comptes d'intérêt à l'usage de la Banque, du Commerce et des Administrations.** In-4. 5 fr.

MAHISTRE. — **Cours de Mécanique appliquée.** In-8, avec 211 figures intercalées dans le texte; 1858. 8 fr.

MARIE, professeur de Mathématiques et de Topographie. — **Principes du Dessin et du Lavis de la Carte topographique,** présentés d'une manière élémentaire et méthodique, avec tous les développements nécessaires aux personnes qui n'ont pas l'habitude du Dessin; accompagnés de 9 modèles, dont 8 sont coloriés avec soin, 1 vol. in-4 oblong; 1825. 15 fr.

MARIELLE (C.-P.), Chef d'Escadron honoraire, ancien Trésorier, Garde des Archives et Secrétaire des Conseils de l'École. — **Répertoire de l'École impériale Polytechnique** ou **Renseignements sur les Élèves qui ont fait partie de l'Institution depuis l'époque de sa création en 1794, avec indication de leur position connue, jusqu'en 1855 inclusivement, avec plusieurs tableaux et résumés statistiques.** (*Publié avec l'autorisation de S. Exc. le Ministre de la Guerre et dédié aux Élèves de l'École.*) Volume in-8 en tableaux; 1855. 5 fr.

MATHIEU (de la Drôme). — **De la prédiction du Temps.** In-8, 2e édition; 1862. 2 fr.

MATTEUCCI, professeur à l'Université de Pise. — **Cours d'électro-physiologie,** professé à l'Université de Pise en 1856. In-8, avec planches; 1858. 4 fr.

MATTEUCCI (C.), professeur de Physique à l'Université de Pise. — **Cours spécial sur l'Induction, le Magnétisme de rotation, le Diamagnétisme, et sur les relations entre la force magnétique et les actions moléculaires.** In-8, avec planches; 1854. 5 fr.

MEISSAS (N.), ancien ingénieur du chemin de fer de Paris à Cherbourg. — **Tables pour servir aux Etudes et à l'exécution des chemins de fer, ainsi que dans tous les travaux où l'on fait usage du Cercle et de la Mesure des angles.** Ouvrage honoré de la Souscription du Ministre des Travaux publics. In-12; 1860. 8 fr.
Cartonné. 9 fr.

MOIGNO (l'Abbé). — **Leçons de Calcul différentiel et de Calcul intégral,** rédigées d'après les méthodes et les ouvrages publiés ou inédits de *A.-L. Cauchy.* Tome IV, 1er *fascicule.* — **Calcul des Variations.** In-8; 1861. 6 fr.

MOLLET (J.), professeur de Physique et de Géométrie pratique. — **Gnomonique graphique, ou Méthode**

simple et facile pour tracer les Cadrans solaires sur toutes sortes de Plans en ne faisant usage que de la règle et du compas; suivie de la **Gnomonique analytique.** 5e édition; in-8, avec planches; 1853. 3 fr. 50 c.

MONGE. — Géométrie descriptive. In-4; 1847. 12 fr.

MONGE. — Application de l'Analyse à la Géométrie. *Cinquième édition,* revue, corrigée et annotée par M. *J. Liouville,* membre de l'Académie des Sciences et du Bureau des Longitudes. In-4, sur carré superfin des Vosges, avec le portrait de **Monge** et 5 pl.; 1850. (*Edition de luxe.*) 36 fr.

MOUREY (C.-V.). — La vraie Théorie des Quantités négatives et des Quantités prétendues imaginaires. (Dédié aux amis de l'évidence.) 2e édition; in-12 avec figures dans le texte; 1861. 2 fr. 50 c.

NOUVELLES ANNALES DE MATHÉMATIQUES, Journal des Candidats aux Écoles Polytechnique et Normale, rédigé par M. *Terquem,* officier de l'Université, docteur ès Sciences, et M. *Gerono,* professeur de Mathématiques; augmenté depuis 1855 d'un **Bulletin de Bibliographie, d'Histoire et de Biographie mathématiques;** par M. *Terquem.* **1re SÉRIE,** 20 vol. in-8 (1842 à 1861), au lieu de 240 francs, 150 francs payables de la manière suivante: 75 francs comptant, et les 75 francs restants en un bon à trois mois à l'ordre de M. Mallet-Bachelier, à partir de l'époque de la livraison des 20 volumes.

Les tomes I à VII se vendent séparément. 12 fr.

Les tomes VIII à XX se vendent séparément. 9 fr.

La **2e SÉRIE,** commencée en 1862, continue de paraître chaque mois par cahier de 32 à 48 pages.

Prix de l'abonnement pour Paris. 12 fr.

Pour les Départements. 14 fr.

Pour l'Étranger, suivant les conventions postales.

NOURY. — Tarifs d'après le Système Métrique décimal pour cuber les bois carrés et en grume ou ronds, et tous les corps solides quelconques, ainsi que les colis ou ballots, caisses, etc., à l'usage des Propriétaires et des Marchands de bois. (Ouvrage utile en général aux Agents forestiers, aux Architectes, aux Entrepreneurs, etc.), ainsi qu'aux Armateurs et Capitaines de navires, etc. In-8. (*Approuvé par les Ministres de l'Intérieur et de la Marine.*) 4 fr.

OGER (**F.**), professeur d'Histoire et de Géographie. — **Géographie physique, militaire, historique, politique, administrative et statistique de la France,** *rédigée conformément au Programme officiel*, à l'usage des Candidats à l'École militaire de Saint-Cyr et à l'enseignement géographique des lycées. 3e édition, revue, corrigée et augmentée de la **Géographie générale et de la Géographie industrielle et commerciale** ; volume in-18, avec ATLAS de 23 cartes in-plano ; 1861. 10 fr.

OGER. — **Histoire de France et Histoire générale depuis l'avénement de Louis XIV jusqu'à la chute de l'Empire (1643-1815). Cours de Rhétorique,** rédigé conformément au programme officiel. In-8 de 532 pages ; 1862. 7 fr.

OLIVIER (**Théodore**), professeur de Géométrie descriptive au Conservatoire des Arts et Métiers. — **Théorie géométrique des Engrenages destinés à transmettre le mouvement de rotation entre deux axes situés ou non situés dans un même plan.** In-4, avec planches ; 1842. 8 fr.

PICARD (**le Dr J.-B.-R.**). — **La Vie future prouvée par les œuvres de la nature et les observations de la science.** In-8 ; 1861. 2 fr.

PIDDINGTON (**Henry**), président de la Cour de Marine à Calcutta. — **Guide du Marin sur la loi des Tempêtes**, ou Exposition pratique de la Théorie et de la loi des Tempêtes et de ses usages, pour les marins de toute classe, dans toutes les parties du monde ; et explication de cette théorie au moyen de roses d'ouragan transparentes et d'utiles leçons. 2e édition, avec additions, traduite de l'anglais par M. *F.-J.-T. Chardonneau*, lieutenant de vaisseau. In-8, avec 6 planches ; 1859. 10 fr.

PIERRE (**J.-I.**), Correspondant de l'Institut (Académie des Sciences), professeur à la Faculté des Sciences de Caen. — **Exercices sur la Physique, ou Recueil de questions susceptibles de faire l'objet de compositions écrites soit dans les classes supérieures des lycées, soit aux examens du baccalauréat ès sciences, soit aux examens d'admission aux principales écoles, avec l'indication des solutions.** 2e édit. ; in-8, avec 4 pl. ; 1862. 4 fr.

PIRMEZ (**L.**). — **Essai sur la queue des Comètes.** 2e édition, 1860. In-8, avec deux planches. 1 fr. 50 c

POINSOT. — **Éléments de Statique.** 10e édit.; 1861. 6 fr.

POINSOT. — **Théorie nouvelle de la Rotation des corps.** In-4 avec planches; 1851. 10 fr.

POINSOT. — **Théorie nouvelle de la Rotation des Corps.** In-8; 1834. 1 fr. 50 c.

POINSOT. — **Théorie des Cônes circulaires roulants.** In-4, avec planche; 1853. 3 fr.
Le même Ouvrage, in-8. 1 fr. 50 c.

POINSOT. — **Réflexions sur les principes fondamentaux de la Théorie des Nombres,** etc. In-4; 1845. 6 fr.

POINSOT. — **Questions dynamiques. Sur la percussion des Corps.** In-4; 1857. 4 fr.

POINSOT. — **Précession des équinoxes.** In-8; 1857. 3 fr.

POINSOT. — **Note sur la théorie des polyèdres.** In-8; 1858. 1 fr. 50 c.

POISSON (S.-D.), membre de l'Institut. — **Traité de Mécanique.** 2e édit., considérablement augmentée; 2 forts vol. in-8; 1833. 18 fr.

PONCELET, membre de l'Institut. — **Rapport historique sur les machines et outils employés dans les Manufactures.** 2 vol. in-8 de plus de 500 pages chacun (tirage à part revu par l'auteur). 30 fr.

Cet ouvrage de bibliothèque a été écrit à l'occasion de l'exposition universelle de 1851; il contient de nombreux et intéressants documents sur l'invention et le perfectionnement des machines. La librairie Mallet-Bachelier n'a pu se procurer que quelques rares exemplaires du tirage à part de cet ouvrage, qui n'a pas été mis dans le commerce.

PONCELET, de l'Institut de France. — **Applications d'Analyse et de Géométrie** qui ont servi de principal fondement au **Traité des Propriétés projectives des figures**, suivies d'Additions par MM. *Mannheim* et *Moutard*, anciens Élèves de l'École Polytechnique. Volume in-8, de 578 pages, avec 202 figures dans le texte. Imprimé sur carré fin satiné; 1862. 10 fr.

PONTÉCOULANT (G. de) ancien élève de l'École Polytechnique, colonel au corps d'État-major. — **Théorie**

analytique du système du Monde. 2e édit. considérablement augmentée, tomes I et II, in-8; 1856. 18 fr.

Cette nouvelle édition des tomes I et II dans laquelle se trouvent les Suppléments des livres II et V, forme un Traité complet d'Astronomie théorique, et peut être considérée comme une Introduction à la *Mécanique céleste de Laplace*, et un Complément à la *Mécanique de Poisson*.

On vend séparément :

Les tomes III et IV (1re édition). 33 fr.
Suppléments aux livres II et V (1re édit.) 2 fr. 50 c.
Supplément au livre VII (1860). 2 fr. 50 c.
L'ouvrage complet, 4 volumes. 52 fr. 50 c.

PORRO (**Joseph**), ingénieur civil. — **Guide pratique de Tachéométrie.** In-8 avec 6 tableaux; 1861. 5 fr.

PUISSANT. — **Traité de Géodésie,** ou Exposition des Méthodes trigonométriques et astronomiques, applicables soit à la mesure de la Terre, soit à la confection du canevas des cartes et des plans topographiques. 3e éd.; 2 vol. in-4, avec 13 pl.; 1842. 40 fr.

REECH (**F.**), ingénieur de la Marine, directeur de l'Ecole spéciale d'application du Génie maritime. — **Théorie générale des effets dynamiques de la chaleur.** In-4 avec planches. 10 fr.

REECH. — **Machine à Air d'un nouveau système, déduit d'une comparaison raisonnée des systèmes de** *MM. Ericsson* et *Lemoine*. In-4, avec planches. 6 fr.

REECH. — **Théorie de l'injecteur automoteur des chaudières à vapeur de** *M. H. Giffard*. In-4, avec planches; 1860. 3 fr.

REGNAULT (**J.-J.**). — **Manuel des Aspirants au grade d'Ingénieur des Ponts et Chaussées.** — **Guide du Conducteur des Ponts et Chaussées, de l'Agent voyer, du Garde du Génie et de l'Artillerie,** rédigé d'après le nouveau *Programme officiel*.

Ouvrage divisé en 2 Parties. — Chaque partie se vend séparément :

PARTIE THÉORIQUE, contenant : l'Algèbre, la Géométrie analytique, la Géométrie descriptive, la Coupe des Pierres, la Charpente, la Physique, la Chimie, des Notions de Géologie, la Mécanique des corps solides et l'Hydraulique. 2 volumes in-8, avec 44 planches. 12 fr.

PARTIE PRATIQUE, contenant : les Cours de Routes, Cours de Chemins de fer, Cours de Ponts, la Navigation intérieure, des Notions sur les Dessèchements et les Irrigations, les Ports maritimes ; des Notions d'Architecture et l'Exécution des travaux, etc. 2 vol in-8, avec 50 pl. 12 fr.

REGNAULT (J.-J.). — **Traité de Géométrie pratique et d'Arpentage** comprenant les **Opérations graphiques** et de nombreuses **Applications aux Travaux de toute nature** à l'usage des Écoles professionnelles, des Écoles normales primaires, des employés des Ponts et Chaussées, des Agents-Voyers, etc. 2e édition, revue et augmentée. In-8, avec 14 pl. ; 1860. 5 fr.

REGNAULT (J.), bachelier ès sciences mathématiques, Directeur des Annales des Conducteurs des Ponts et Chaussées et des Annales des Chemins vicinaux. — **Cours pratique d'Arpentage** à l'usage des Instituteurs primaires, comprenant la division et le bornage des terrains, suivi d'un Extrait du Code sur le bornage, de l'exposition des anciennes mesures agraires et de leur conversion en mesures nouvelles. — **Nouvelle méthode d'Arpentage,** avec l'emploi de la chaîne métrique et de l'équerre d'arpenteur seulement, à l'usage des Instituteurs, des Élèves des Écoles primaires, des Propriétaires et des Cultivateurs. In-18, sur jésus, avec figures dans le texte ; 1861. 1 fr. 50 c.

RESAL (H.), ancien élève de l'École Polytechnique. — **Éléments de Mécanique,** rédigés d'après les programmes d'admission pour l'École Polytechnique, adoptés par l'Université impériale, suivis d'Additions relatives à la mécanique des systèmes de points matériels, extraites des Leçons de Mécanique physique, professées de 1838 à 1848, à la Faculté des Sciences de Paris, par M. *Poncelet*. Nouvelle édition, revue et corrigée. In-8, avec planches ; 1862. 4 fr. 50 c.

RESAL (H.). — **Traité de Cinématique pure.** In-8, avec 77 figures ; 1862. 6 fr.

REYNAUD (le baron), examinateur pour l'admission à l'École Polytechnique, à la Marine, à l'École militaire de Saint-Cyr et à l'École Forestière. — **Traité d'Arithmétique,** à l'usage des Élèves qui se destinent à ces Écoles. In-8 ; 26e édition, revue, corrigée et annotée par M. *Gerono*, professeur de Mathématiques ; 1855. (*Adopté par l'Université.*) 4 fr.

ROLLANDE DU PLAN (le Dr). — **Nouvelle Théorie de l'Univers basée sur une expérience à la portée de tout le monde.** In-8; 1862. 2 fr.

ROUCHÉ (**Eugène**), ancien élève de l'Ecole Polytechnique, professeur au Lycée Charlemagne. — **Eléments d'Algèbre**, à l'usage des Candidats au Baccalauréat ès Sciences et aux Ecoles spéciales. (*Rédigés conformément aux Programmes de l'enseignement scientifique dans les Lycées.*) In-8, avec figures dans le texte; 1857. 4 fr.

RUSSELL (C.). — **Le Procédé au Tannin**, avec des Notes inédites. Traduit de l'anglais, par M. *Aimé Girard.* In-12, avec figures dans le texte; 1862. 1 fr. 25 c.

SAINTE-CLAIRE DEVILLE (**H.**), maître de conférences à l'Ecole Normale, etc. — **De l'Aluminium. Ses propriétés, sa fabrication et ses applications.** In-8, avec planches; 1859. 3 fr. 50 c.

SALVÉTAT (**A.**), chef des travaux chimiques à la manufacture impériale de Sèvres. — **Leçons de Céramique,** professées à l'Ecole Centrale des Arts et Manufactures, ou **Technologie Céramique**, comprenant les **Notions de Chimie, de Technologie et de Pyrotechnie applicables à la fabrication, à la synthèse, à l'analyse, à la décoration des poteries.** 2 vol. in-18, avec 479 figures dans le texte. 12 fr.

SCHEURER-KESTNER (**A.**). — **Principes élémentaires de la Théorie chimique des Types, appliquée aux combinaisons organiques.** In-8; 1862. 2 fr.

SENARMONT (de). — **Traité de Cristallographie,** traduit de l'anglais de *Miller.* In-8, avec 12 planches. 5 fr.

SERRET (**J.-A.**), membre de l'Institut. — **Éléments d'Arithmétique,** à l'usage des candidats au baccalauréat ès Sciences, à l'École spéciale militaire de Saint-Cyr, à l'Ecole Forestière et à l'Ecole Navale. 3e édition, revue et augmentée de la Table des logarithmes des nombres de 1 à 10,000, calculés avec cinq décimales. Rédigés conformément au *Programme de l'enseignement scientifique des Lycées.* In-8; 1861. (*L'Introduction de cet ouvrage dans les Ecoles publiques est autorisée par décision du Ministre de l'Instruction publique et des Cultes en date du 22 août* 1859.) 4 fr.

SERRET (J.-A.), examinateur d'admission à l'École impériale Polytechnique. — **Traité de Trigonométrie.** 3e édition, revue et augmentée. In-8 avec planches, 1862. (*L'Introduction de cet ouvrage dans les Écoles publiques est autorisée par décision de S. Exc. M. le Ministre de l'Instruction publique et des Cultes en date du 5 août 1862*). 4 fr.

SERRET (Paul). — **Théorie nouvelle géométrique et mécanique des lignes à double courbure.** In-8 avec 67 figures dans le texte; 1860. 8 fr.

Cet ouvrage, destiné aux élèves des Écoles Polytechnique et Normale et aux candidats à la Licence, n'exige du lecteur que les notions élémentaires de Géométrie infinitésimale.

SERRET (Paul). — **Des Méthodes en Géométrie.** In-8, avec figures dans le texte; 1855. 6 fr.

STATISTIQUE DE L'INDUSTRIE MINÉRALE DE 1853 À 1859 INCLUS, publiée par le *Ministre de l'Agriculture, du Commerce et des Travaux publics*. Grand in-4, avec planche coloriée; 1861. 20 fr.

STURM, membre de l'Institut. — **Cours d'Analyse de l'École Polytechnique** 2 vol. in-8 avec figures dans le texte; 1857-1859. 12 fr.

STURM, Membre de l'Institut. — **Cours de Mécanique de l'École Polytechnique**, publié, d'après le vœu de l'auteur, par *M. E. Prouhet*, répétiteur à l'École Polytechnique. 2 volumes in-8 avec figures dans le texte; 1861. 12 fr.

TESTELIN (Aug.). — **Essai de Théorie sur la formation des images photographiques rapportée à une cause électrique.** Les figures roriques, les figures magnétiques, la thermographie, etc. In-8; Gand, 1860. 3 fr. 50 c.

TESTELIN (Aug.). — **Nouveaux procédés pour l'amplification des Photographies et pour les Portraits de grande dimension.** In-8, avec une planche, 1861. 2 fr.

THIERRY fils, graveur éditeur du *Vignole de Poche*. — **Méthode graphique et géométrique**, ou le **Dessin linéaire** appliqué aux arts en général, et en particulier à la Projection des Ombres, à la pratique de la Coupe des Pierres, à la perspective linéaire et aux cinq ordres d'Architecture; ouvrage utile à tous les Artistes et Ouvriers employés à la construction et à la décoration des édifices; aux Maçons, Tailleurs de pierres, Marbriers, Charpentiers, Serruriers, Menuisiers, Peintres-Décorateurs, et généralement à tous ceux qui exercent des arts mécaniques et industriels; 2e édition, revue et corrigée par M. *C.-F.-M. Marie*, professeur de Mathématiques et de Topographie. Grand in-8 oblong, avec 50 planches; 1846. *Cet ouvrage a été choisi par S. Exc. M. le Ministre de l'Instruction publique et des Cultes pour les Bibliothèques scolaires de l'Empire.* 8 fr. 50 c.

THIOUT aîné, maître horloger à Paris. — **Traité d'Horlogerie mécanique et pratique,** approuvé par l'Académie des Sciences. 2 vol. in-4, avec 91 planches. 25 fr.

THOREL (J.-B.-A.), géomètre de 1re classe du Cadastre. — **Arpentage et Géodésie pratiques.** Ouvrage à l'aide duquel on peut apprendre le Système métrique, l'Arpentage, la Division des terres, la Trigonométrie rectiligne, le Levé des Plans et la Gnomonique. 2e tirage. In-4, avec planches; 1853. 4 fr.

TREDGOLD, ingénieur civil. — **Traité des Machines à vapeur et de leur Application à la Navigation, aux Mines, aux Manufactures.** In-4 et atlas de 25 planches. 25 fr.

VIANT (J.), agrégé de l'Université, professeur de Mathématiques spéciales au Prytanée impérial Militaire de la Flèche, ancien élève de l'École Normale. — **Éléments de Géométrie descriptive, rédigés conformément au nouveau Programme de Saint-Cyr,** à l'usage des candidats à ladite École, à l'École Navale, à l'École Forestière, et au Baccalauréat ès Sciences. In-8, avec planches; 1862. 2 fr. 50 c.

VINCENT, membre de l'Institut, et **SAIGEY.** — **Géométrie élémentaire**, refaite sur la première édition publiée en 1826, et rédigée suivant les principes du nouveau *Programme* des études. In-12, avec planches; 1855. 2 fr. 50 c.

VIOLEINE (A. P.), ancien chef de bureau au Ministère des Finances — **Tables pour faciliter les Calculs des Probabilités sur la vie humaine,** tels que rentes viagères, assurances, etc., d'après les lois de mortalité de *Déparcieux*, de *Duvillard*, et d'une moyenne entre ces lois; suivi d'un appendice qui fait voir que l'annuité nécessaire au remboursement des emprunts faits en actions ou obligations et par tirage au sort, peut être traitée comme les probabilités sur la vie. In-4; 1859. 10 fr.

VIOLEINE (A.-P.), chef de bureau au Ministère des Finances. — **Nouvelles Tables pour les calculs d'Intérêts simples et composés, d'Amortissement, d'Annuités de primes, etc.** In-4; 1854. 15 fr.

VIOLEINE (A.-P.), ancien chef de bureau au Ministère des Finances, auteur des Tables d'intérêt, d'amortissement et des Tables des probabilités sur la vie humaine. — **Guide du Rentier et du Spéculateur.** In-12; 1861. 1 fr. 25 c.

YVON VILLARCEAU, astronome à l'Observatoire impérial de Paris. — **Sur l'Etablissement des Arches de Pont, envisagé au point de vue de la plus grande stabilité, et Tables pour faciliter les applications numériques.** In-4, avec fig. dans le texte, et 2 pl.; 1854. 12 fr.

WITH (Émile), ingénieur civil. — **Manuel aide-mémoire du Constructeur de travaux publics et de machines**, comprenant le **Formulaire et les Données d'expérience de la construction.** 2e édition, in-12; 1861. 2 fr. 50 c.

SOUS PRESSE.

BERTRAND, membre de l'Institut. — **Traité de Calcul différentiel et de Calcul intégral.** In-4.

CHASLES, membre de l'Institut. — **Traité des Sections coniques.** In-8.

CONNAISSANCE DES TEMPS POUR 1864, publié par le Bureau des Longitudes. In-8.

Paris. — Imprimerie de MALLET-BACHELIER,
rue de Seine-Saint-Germain, 10, près l'Institut.

PRÉCIS

DES

RECHERCHES SUR LES MÉTÉORES

ET SUR

LES LOIS QUI LES RÉGISSENT.

PARIS. — IMPRIMERIE DE MALLET-BACHELIER,
rue de Seine-Saint-Germain, 10, près l'Institut.

PRÉCIS

DES

RECHERCHES SUR LES MÉTÉORES

ET SUR

LES LOIS QUI LES RÉGISSENT,

PAR

M. COULVIER-GRAVIER.

PARIS,

MALLET-BACHELIER, IMPRIMEUR-LIBRAIRE

DE L'ÉCOLE IMPÉRIALE POLYTECHNIQUE, DU BUREAU DES LONGITUDES.

Quai des Augustins, 55.

1863

TABLE DES MATIÈRES.

Pages.

PRÉFACE VII

CHAPITRE PREMIER. — Considérations préliminaires 1

CHAPITRE II. — Atmosphère. — Phénomènes lumineux 11

De l'atmosphère, de sa hauteur, de sa composition. — Des phénomènes lumineux : lumière zodiacale, aurore, crépuscule, aurores boréales et australes, halos, parhélies, parasélennes, couronnes, colonnes lumineuses, nuages irisés, apothéoses, arc-en-ciel.

CHAPITRE III. — Divisions de l'atmosphère 25

De l'atmosphère divisée en plusieurs zones; de l'air que ces zones contiennent, de ses propriétés; de son mouvement; de la différence de chaleur des couches des montagnes et des plaines.

CHAPITRE IV. — Phénomènes aqueux. — Vents 41

Des nuages, de la rosée, du serein, de la gelée blanche, de la lune rousse, des brouillards ordinaires, des brouillards secs, de la pluie, de la neige, du verglas, du grésil et de la grêle. — Des vents, ouragans, tempêtes et tourbillons.

CHAPITRE V. — Électricité atmosphérique 59

De l'électricité atmosphérique, des orages, de leur formation et de leurs effets.

Pages.

CHAPITRE VI. — Effets de l'électricité atmosphérique.................................... 79

Tonnerre, éclairs et coups de foudre.

CHAPITRE VII. — Généralités..................... 93

CHAPITRE VIII. — Étoiles filantes................. 105

Questions diverses à résoudre, d'après les particularités que présente l'apparition des étoiles filantes, pour connaître à l'avance les variations atmosphériques dans la zone des étoiles filantes. — Sommaire de quelques lois astronomiques du phénomène. — Noms donnés aux météores filants, leur origine, particularités de leur apparition, et comment nous sommes arrivé à découvrir la véritable science météorologique.

CHAPITRE IX. — Lois des Météores filants......... 121

Des étoiles filantes considérées en elles-mêmes, et exposé des lois des météores.

CHAPITRE X. — Résultats des observations........ 145

De la différence entre les années et les mois. — Quelques exemples tirés des observations.

CHAPITRE XI. — Climats......................... 163

Du thermomètre et de l'hygromètre dans leurs rapports avec la météorologie et l'agriculture. — Question des climats; les intempéries sont-elles plus fréquentes aujourd'hui que dans les temps anciens? — Conclusions.

PRÉFACE.

J'ai publié, en 1859, un ouvrage intitulé : *Recherches sur les Météores et sur les lois qui les régissent*. Cet ouvrage m'avait été demandé par des personnes considérables, dont la plupart appartiennent aux grands corps de l'État; il a reçu l'accueil le plus favorable.

Dans le courant de l'année dernière, un grand nombre de ces mêmes personnes m'ont témoigné, dans l'intérêt du public, le désir de me voir rédiger un Précis de ces mêmes *Recherches*. Ce Précis servirait à vulgariser la science des météores, et il pourrait montrer aux marins, aux agriculteurs, à l'armée, aux médecins et aux industriels tout le profit qu'ils retireraient de l'application de cette nouvelle science.

Ce vœu si nettement formulé, il était de mon devoir d'y souscrire. En effet, en agissant ainsi, je ne pouvais mieux témoigner à ceux qui m'ont si noblement soutenu la reconnaissance que je leur dois, pour les encouragements et la protection éclairée que j'en ai toujours reçus. Ce Précis, je viens aujourd'hui l'offrir au public.

J'ai fait connaître, dans la *préface* qui précède mes *Recherches sur les Météores et sur les lois qui les régissent*, comment j'étais entré dans la science, et comment j'avais été amené à me livrer à l'observation constante de toute espèce de météores; je ne reviendrai pas ici sur ces détails, et je me bornerai à dire que j'ai tâché de rendre ce résumé le plus court et le plus clair qu'il m'a été possible. J'ai voulu le mettre à la portée des gens du monde, comme aussi à la portée des autres classes de la société, et il n'y aura pas d'instituteur de campagne qui ne puisse y puiser des notions nécessaires à l'instruction de ses élèves. C'est dire que je me suis efforcé de le rendre accessible à tous, car tous ont besoin d'être au courant des connaissances météoriques qu'il renferme.

Dans les premiers chapitres de ce Précis, je n'ai pas oublié de rappeler où en était la science des météores jusqu'à mes travaux, et j'ai expliqué d'où étaient venus ses revers et ses mécomptes antérieurs.

Dans les derniers chapitres, j'ai exposé très-sommairement quelques lois astronomiques du mystérieux et si fugitif phénomène des étoiles filantes. Ensuite j'ai passé à leurs lois physiques, et j'ai fait voir tous les avantages que l'humanité devait recueillir de l'application de ces lois. Je n'ai pas oublié de montrer toute la différence qu'il y a entre le système anglais, destiné à avertir les marins des tempêtes imminentes, et le système français, créé par les résultats de mes observations, qui a toujours sur le système anglais une avance de plus de quarante-huit heures.

La France, avec les quatre stations auxiliaires que j'ai désignées, Strasbourg, Grenoble, Agen, Brest, correspondant avec l'Observatoire météorique du Luxembourg, à Paris, n'a nul besoin des renseignements anglais pour savoir à quoi s'en tenir sur les produits météoriques à venir. C'est là un des beaux côtés de cette nouvelle science des météores.

Combien il m'aurait été agréable, si l'espace me l'avait permis, de citer des extraits des Rapports académiques et du Bureau des Longitudes qui ont été faits sur mes travaux! Cependant, je ne puis passer sous silence un extrait du Rapport lu à l'Académie des Sciences, dans sa séance du 11 janvier 1847, par M. Arago, au nom d'une Commission chargée d'examiner les catalogues d'observations des étoiles filantes faites en Chine depuis les temps les plus reculés, dressés par M. Édouard Biot. On verra une fois de plus, par cet extrait, combien il est nécessaire, dans l'intérêt de la science météorique, d'étendre le réseau de mes observations, et de les continuer par ce moyen avec plus de succès encore que par le passé. La série de ces mêmes observations ne peut avoir d'égale, puisqu'elle aura toujours l'avance sur toutes celles du même genre qu'on voudrait commencer actuellement.

On trouve la preuve de ce que je viens d'énoncer dans les paroles de l'illustre Secrétaire perpétuel de l'Académie des Sciences, qui, entre autres choses, disait, en comparant les observations chinoises et les miennes, « que la ressemblance s'étendait jusqu'au rapport numérique des deux nombres, si on prenait pour terme de comparaison les résultats consignés dans les précieux tableaux que M. Coulvier-Gravier a déduits de ses propres *Recherches*, et qui, grâce au zèle infatigable de cet observateur, acquéraient chaque jour plus d'intérêt. »

M. Arago faisait connaître, dans ce même Rapport, « qu'en Chine, comme en Europe, les grandes apparitions d'étoiles filantes avaient quelquefois manqué pendant une longue suite d'années. Les directions spéciales qu'affectaient à certaines époques les étoiles filantes n'étaient pas toujours les mêmes; notamment, il disait qu'entre 960 et 1275, c'est-à-dire pendant plus de trois siècles, le sens le plus fréquent dans la direction des étoiles filantes a été vers la partie comprise entre le S.-E et le S.-O. »

Ceci confirme en entier l'opinion que j'ai émise dans mes *Recherches* sur des périodes météoriques tout à fait dissemblables, qui pouvaient avoir lieu pendant un assez long espace de temps.

M. Arago ne s'est pas déjugé; on en peut trouver des preuves dans son Rapport au Ministre de l'Instruction publique, au nom du Bureau des Longitudes, et dans ces paroles, dans les derniers mois de 1851, à l'Académie des Sciences, lorsqu'il disait à ses confrères qu'il désirait « que tous les travaux qui arriveraient à l'Académie dans le genre des miens me fussent renvoyés, comme étant le juge le plus compétent en pareille matière. »

Dans les derniers jours de son existence, il me disait encore : « Continuez à marcher dans la route que vous avez suivie avec tant de persévérance et de courage; ne vous laissez pas détourner de cette route par quoi que ce soit. Marchez avec la même ardeur, et vous arriverez. »

Ces conseils, suggérés à l'illustre astronome par l'intérêt qu'il portait à mes études, seront à jamais gravés dans ma mémoire. Ils seront toujours mon guide dans cette vie, et s'il était donné à M. Arago de revenir pour un moment sur cette terre, il verrait que j'ai continué à marcher sans que rien ait pu me détourner de la route que j'ai suivie depuis si longtemps.

Quelques mots avant de terminer sur le résultat général météorique de l'année 1862. J'ai fait connaître comment, le 1er mai de chaque année, on pouvait avoir des renseignements assez précieux par la presque similitude des courbes des étoiles filantes et de leurs résultantes trouvées au 31 mai et au 31 décembre. J'ai fait connaître aussi l'importance des courbes tracées aux mêmes époques d'après les perturbations éprouvées par les météores filants dans le parcours de leurs trajectoires. Aussi j'avais énoncé le 1er mai que l'année 1862 serait chaude et sèche; que cependant on aurait, au lieu de pluies continuelles comme en 1860, des orages et des pluies, suites de ces mêmes orages. En effet, je ne pouvais m'exprimer autrement, puisqu'on sait par l'expérience que les résultantes des perturbations descendent toujours plus ou moins à partir du commencement de mai du N. sur l'O. par l'E. et le S. La résultante des perturbations se trouvant le 1er mai entre l'E. et l'E.-S.-E., il fallait annoncer, au lieu d'une grande sécheresse, des orages et des pluies suites d'orages. Les figures qu'on trouve à la fin de ce volume pour l'année 1862 montrent bien qu'il n'en pouvait être autrement.

Or l'année 1862, par son résultat général météorique, rentre dans la moyenne générale des températures des années les plus chaudes, car il y a eu 12°,2. Les jours de pluie et de beau temps, sauf sept jours, ont été partagés presque également. La Seine a même reçu une moyenne générale de centimètres d'eau inférieure à 1861, à bien plus forte raison à l'année 1860, qui a eu une balance de 92 jours en faveur de la pluie.

Si on consulte les précieux renseignements des autres pays, on trouve insérés dans le *Journal pratique de l'Agriculture*, rédigé par M. Barral, les faits suivants :

M. Garin, de Nantua (Ain), résume ainsi l'année 1862 : « Nous faisions remarquer que l'année 1861 pouvait être classée parmi les moins humides, à cause de la faible quantité de pluie tombée dans le courant de l'année.

» L'année 1862 s'est présentée sous un tout autre aspect; car avec un plus grand nombre de jours pluvieux, la couche d'eau que nous avons enregistrée est moindre encore que pour l'année précédente. »

Suivant M. de Moly, de Toulouse (Haute-Garonne) : « L'année 1862 a été remarquablement chaude, principalement dans les premiers mois. Elle a été plus précoce qu'en 1861. La quantité d'eau tombée a été en même temps un peu au-dessous de la moyenne observée. »

Ainsi, de même qu'à Paris, dans les départements de l'Ain et de la Haute-Garonne, la quantité d'eau tombée a été inférieure à 1861. Combien je pourrais ajouter à ce que je viens de dire; mais je termine sans même m'occuper des récoltes. Par une coïncidence assez remarquable, on trouve que le niveau le plus bas des eaux des fleuves, le Danube, la Seine et le Mississipi (il y a de l'espace, comme on le voit), a été relevé vers le 14 octobre 1862.

On sent bien que le plus important des services que la science des météores est appelée à rendre, et qu'elle ne peut donner qu'en étant pourvue des moyens d'exécution qui lui manquent, c'est d'indiquer de trois à quatre jours à l'avance la venue des météores qu'on doit craindre ou espérer, soit pour en profiter, soit pour s'en garantir. L'état général météorique d'une année n'a pas la même importance, puisqu'il est impossible de désigner à l'avance les mois qui doivent spécialement éprouver tel ou tel météore. De sorte que mai, juillet, août ou septembre peuvent être très-beaux ou très-mauvais, sans que pour cela l'état général météorique de l'année en soit influencé.

Ce qu'il faut donc, ce sont des observations d'étoiles filantes éprouvant le moins de lacunes possible, et permettant de dresser chaque jour un bulletin annonçant la venue successive de tous les produits météoriques. Dans l'état actuel de la science des météores, on ne pourrait aller au delà de trois à quatre jours à l'avance, sans s'exposer à de cruelles déceptions, puisque, si les périodes doivent continuer, on ne le sait que par les observations des jours suivants.

Nous ne pouvons cependant terminer cet avant-propos, sans faire connaître à nos lecteurs combien nous sommes reconnaissant envers S. M. l'Empereur, pour la haute bienveillance qu'il nous a témoignée dans l'audience qu'il a daigné nous accorder; nous le remercions surtout pour l'intérêt qu'il nous a montré en faveur de la science des météores, pour les questions qu'il nous a faites séance tenante, et pour le désir qu'il a exprimé de voir son Gouvernement protéger nos travaux et donner tous les moyens d'exécution à une science si pleine d'avenir. Espérons que sa généreuse et puissante intervention ne nous fera pas défaut dans l'accomplissement de notre tâche.

Nous renouvellerons également nos remercîments à S. A. I. le prince Napoléon, ainsi qu'au Sénat, et en particulier au général marquis d'Hautpoul, son grand référendaire, pour la protection éclairée et constante qu'ils ont accordée à mon observatoire; au Conseil d'État, y compris S. Exc. M. Baroche, son président, et M. de Parieu, son vice-président; au Corps Législatif, qui m'a toujours assuré un si précieux appui; en un mot, à tous les personnages éminents dans le monde et dans les sciences qui m'ont toujours encouragé durant les mauvais jours; à tous les membres de la presse qui ont bien voulu me donner des témoignages constants de leur bienveillance, et parmi lesquels je nommerai en première ligne M. Delamarre, directeur de *la Patrie*, et M. Victor Meunier.

PRÉCIS

DES

RECHERCHES SUR LES MÉTÉORES

ET SUR

LES LOIS QUI LES RÉGISSENT.

CHAPITRE PREMIER.

Considérations préliminaires.

Dans l'ouvrage que j'ai publié à la fin de l'année 1859, intitulé : *Recherches sur les Météores et sur les lois qui les régissent,* ouvrage dont la presse a rendu compte au public dans les meilleurs termes, et qui a été honoré des souscriptions de MM. les Ministres de l'Instruction publique, de l'Agriculture, de la Guerre, des Finances, de la Maison de l'Empereur, de l'Intérieur et de la Marine, j'ai fait connaître comment, en prenant la météorologie par en *bas,* c'est-à-dire en ne se servant que du baromètre, thermomètre, hygro-

1

mètre, girouettes, anémomètre, etc., on n'avait pu parvenir à faire avancer la météorologie en quoi que ce soit, encore moins à la constituer à l'état de science.

Après avoir constaté cette négation avouée par les savants les plus illustres, Biot, Regnault, sir John Herschel, Bouvard et enfin Quetelet, je me suis dit : « Voyons si nous, qui dès longtemps avons pris, comme le désiraient MM. Regnault et Biot, la météorologie par en *haut*, nous avons pu lui donner une impulsion quelconque, si nous avons pu la faire entrer dans la voie du progrès et si nous sommes arrivé à formuler quelques-unes de ses lois. »

La réponse n'a pas été difficile à faire. Il m'a suffi d'abord de montrer dans la première Partie les résultats des observations prises par en *bas*, de montrer les erreurs qu'on avait commises dans l'observation des météores eux-mêmes, pour faire voir qu'il n'en avait pu être autrement. Ensuite j'ai pu montrer comment depuis près d'un demi-siècle, à compter du moment où j'ai publié mon ouvrage, j'avais justement devancé les désirs de MM. Biot et Regnault en prenant la météorologie par en *haut;* en d'autres termes, en me servant des signes paraissant dans le ciel sous la figure d'*étoiles filantes*.

Ici je ne puis, comme dans mes *Recherches sur les Météores*, entrer dans une foule de détails qui avaient dans cet ouvrage leur raison d'être, mais qui seraient ici hors de propos, puisqu'il s'agit tout simplement d'un petit Traité élémentaire des Météores filants, pour bien faire connaître aux agriculteurs et aux marins toute l'utilité pratique qu'ils auront à tirer d'une bonne et constante observation de ce mystérieux et fugitif météore.

Les étoiles filantes ont été observées depuis le commencement des siècles, leur apparition inattendue ne pouvait, pas plus que les apparitions des éclairs, échapper à l'attention des hommes. On peut même affirmer que les grandes apparitions de ces météores ou l'apparition unique d'un globe filant de 1re grandeur changeant plusieurs fois de couleur, se brisant en un grand nombre de fragments, accompagné d'une traînée immense plus ou moins compacte, persistant quelquefois dix minutes après la disparition du météore et de ses fragments, devaient impressionner la foule plus vivement encore que la chute de la foudre. L'éclair qui serpentait dans les nues, la foudre qui arrivait jusqu'à terre, on les voyait naître d'un nuage; les étoiles filantes, au contraire, on les voyait briller au milieu d'un beau ciel, parcourir de longues courses, serpentant, se retournant sur elles-mêmes, déviant de leur direction primitive dans le parcours de leurs trajectoires, et elles devaient bien autrement étonner les hommes. Aussi, que de récits exagérés sur toutes ces apparitions on trouve dans les histoires ou les chroniques qui les ont rapportées!

Il y a cependant un fait qui ne peut rester inaperçu parmi toutes ces narrations, c'est la constance et la persistance des anciens observateurs à rapporter la connexion qui, suivant eux, avait lieu souvent entre les apparitions d'étoiles filantes et les produits météoriques qui survenaient après cette apparition. Les anciens disaient que ces étoiles qui parcouraient de longues courses dans le ciel étaient les précurseurs des mauvais temps et des tempêtes. En Amérique même, en 1799, M. de Humboldt trouva enracinée cette croyance populaire à Cumana, que les grandes apparitions d'étoiles filantes présageaient des désastres et surtout les tremblements de terre.

Il est donc bien évident que jusqu'à nos jours, quoiqu'on ait manqué d'observations constantes de ces météores, puisque même on les a souvent confondus avec les aurores boréales, on avait cependant la conscience que la manière dont ils apparaissaient avait une signification sur les produits météoriques qui suivaient ces différentes apparitions; c'est ce qui m'a fait dire, dans mes *Recherches sur les Météores*, que les anciens avaient été bien près de la vérité, et qu'elle ne leur avait échappé entièrement, que parce qu'il ne s'était trouvé personne pour s'adonner complétement à l'étude des étoiles filantes.

On a même eu l'opinion que les étoiles filantes suivaient la marche de la couche de l'air où elles s'enflammaient. Cette opinion a été mise en avant par plusieurs savants de l'ancien et du nouveau monde, entre autres par M. de Humboldt, qui affirmait qu'à Cumana les étoiles filantes suivaient le vent régnant à terre, ce qui suppose que ce savant ne leur donnait pas une origine bien élevée dans les couches de l'atmosphère.

Chladni regardait les étoiles filantes comme des corps errants dans les espaces planétaires, par conséquent d'une origine cosmique, tandis que jusqu'à lui les philosophes, les physiciens et les chimistes leur attribuaient une origine terrestre. Laplace, reprenant l'idée émise par Terzago en 1660 et développée par Olbers en 1795, se contenta, avec son école, de remonter jusqu'à la lune. C'est là l'origine sélénique.

Brandes et Benzemberg, vers la fin de 1798, répondirent les premiers à l'appel qu'avait adressé Chladni à tous les savants, après la publication de son premier catalogue en 1794; il les invitait à se livrer à l'observation des étoiles filantes. Farey et Bevan, en Angleterre, firent des observations analogues en 1800-1801. Les observations dont nous venons de parler avaient pour but principal d'étudier la hauteur de ces météores dans l'espace. Farey et Bevan estimaient leur hauteur dans l'atmosphère de 17 à 21 lieues. D'après les observations de Brandes, Benzemberg et leurs associés, il y en aurait dont la hauteur égalerait 150 lieues dans l'atmosphère.

Brandes, contrairement au résultat de nos observations, établissait que les plus petites étoiles filantes sont dans les basses régions de l'air. Brandes et Benzemberg ont souvent varié sur l'origine soit cosmique ou terrestre qu'ils attribuaient à tous ces météores. Ce qu'il y eut de singulier, c'est que ceux qui appuyaient l'opinion cosmique, ne faisaient aucune différence entre les pierres tombées du ciel, les bolides et même les étoiles filantes.

Brandes et Benzemberg ont toujours dit qu'il fallait beaucoup de courage et de constance pour se livrer à d'aussi pénibles et d'aussi fastidieuses recherches que celles des observations des étoiles filantes. Quoique ce ne soit qu'en 1833 qu'ait commencé ce qu'on appelle la véritable série, ou période appartenant aux astronomes, cependant en 1824 et en 1825, M. Quetelet, à Bruxelles, et Erman jeune, à Berlin, firent des observations à l'instar de celles de Breslau.

Le docteur Burney, répondant à Farey sur diverses questions qu'il lui avait adressées au sujet des étoiles filantes, lui dit entre autres choses: « qu'il a trouvé que les étoiles filantes sont les » pronostics de forts coups de vent, sans pouvoir » dire de quel côté ces vents souffleront. Il affirme » que dans toutes ses observations sur les bo- » lides, il n'a rien vu qui puisse confirmer l'opi- » nion de Farey, c'est-à-dire qui puisse faire » soupçonner que les bolides soient des satellites » de la terre. »

Jusqu'alors on confondait généralement dans la même origine les pierres tombées du ciel, les bolides et les étoiles filantes.

Le docteur Forster, qui, ainsi que son père et son oncle, s'était adonné à l'observation des étoiles filantes, a publié en 1843 un résumé de ses opinions à ce sujet. On voit qu'il est persuadé que ces météores prennent naissance dans l'atmosphère ; son opinion était qu'ils étaient un produit de l'électricité. Son catalogue d'observations a particulièrement attiré l'attention sur les retours extraordinaires du mois d'août.

M. Forster croit, avec les anciens et beaucoup d'observateurs modernes, que les étoiles filantes sont un pronostic du temps, en ce sens, dit-il, qu'elles se dirigent vers un point de l'horizon d'où le vent soufflera le lendemain.

Depuis 1833 jusqu'à nos jours, les astronomes qui se sont consacrés spécialement à observer les étoiles filantes les ont considérées comme des astéroïdes tournant autour du soleil, que la terre rencontre aux nœuds communs de leurs orbites, alors que leur marche est sensiblement parallèle, ce qui les fait paraître diverger d'un même point et converger vers un point diamétralement opposé. Nous ne nous arrêterons pas à ces théories, puisqu'en définitive elles ne peuvent nous aider en quoi que ce soit dans l'œuvre que nous avons commencée et que nous avons l'espérance de mener à bonne fin, surtout si l'opinion publique réclame avec la même persévérance que nous les moyens d'exécution qui nous manquent pour atteindre ce but si utile et si universellement désiré.

Il est inutile de raconter ici comment je suis arrivé à l'observation des météores filants : tout cela se trouve dans mes *Recherches sur les Météores;* je me borne donc à dire que c'est en 1811, à l'occasion de la belle comète de cette année, que j'ai ajouté l'observation des météores filants à l'observation de tous les autres météores.

Ce ne fut cependant qu'en 1833 que j'acquis la conviction d'avoir trouvé les signes précurseurs des produits météoriques qui se succédaient les uns les autres, dans l'apparition des étoiles filantes.

Combien de temps il faut pour pénétrer les mystères de faits qui se passent si près de nous, surtout si on considère les astres et les planètes qui sont si éloignés ! Quelle étude, quelle persévérance dans l'étude, quelle constance, quel courage il faut pour en arriver là !

L'opinion générale et de longue date, comme on le sait, attribue les changements de temps aux différentes phases de la lune. Les démentis innombrables que cette théorie a éprouvés n'ont pu déraciner cette croyance. On voit toujours accueillir avec faveur de la part du public en général, les personnes qui reviennent sans cesse avec leurs pronostics lunaires. Il est vrai que cette faveur dure peu, car les échecs ne sont point longtemps à se produire. Mais nous aurons occasion de revenir plus loin sur cette question des pronostics tirés des différentes phases de la lune. Moi aussi c'était ma première croyance, et ce ne fut que par de nombreux mécomptes, que je fus obligé de reconnaitre que cette opinion n'était pas soutenable.

Avant de passer à l'application de la météorologie tirée des étoiles filantes, il nous faut cependant donner un aperçu de tout ce qui existe jusqu'à la région des étoiles filantes, placée, comme on le verra, bien au-dessus des régions des nuages et des aurores boréales.

CHAPITRE II.

Atmosphère. — Phénomènes lumineux.

De l'atmosphère, de sa hauteur, de sa composition. — Des phénomènes lumineux : lumière zodiacale, aurore, crépuscule, aurores boréales et australes, halos, parhélies, parasélennes, couronnes, colonnes lumineuses, nuages irisés, apothéoses, arc-en-ciel.

On sait que le globe terrestre, à peu près sphérique, est tout à fait isolé dans l'espace.

La masse de l'air qui l'environne de toutes parts se nomme *atmosphère* et forme une sphère plus ou moins volumineuse ou en quelque sorte un nouveau globe, dans lequel celui que nous habitons semble nager, et dont le poids le comprime également de tous les côtés.

On désigne la couleur azurée de l'atmosphère sous le nom assez impropre de *firmament;* elle devient d'un bleu de plus en plus foncé à mesure qu'on s'élève sur les hautes montagnes ou au moyen des ballons.

Que l'air soit en repos ou en mouvement, nous sentons qu'il nous résiste; mais il nous résiste toujours bien moins que les matières solides. Il propage les sons à de grandes distances par des ondes sonores analogues, quoique différentes, aux ondes que l'on produit à la surface des eaux. On trouve que le son se propage dans l'air avec une vitesse de 340 mètres par seconde. La vitesse augmente, quoique faiblement, suivant que l'air est plus ou moins échauffé.

L'air présente une foule de propriétés que nous ne pouvons connaître. Les matières qui possèdent ces propriétés sont si légères et si ténues, qu'elles sont impondérables; mais elles n'en sont pas moins la source ou l'origine de bien des produits terrestres et de qualités météoriques, que sans nul doute ces produits ont la faculté de s'assimiler.

On sait que l'air est beaucoup moins pesant que l'eau, qui pèse environ 770 fois davantage quand l'air est parfaitement sec.

Nous savons aussi que l'air augmente de volume par la chaleur, sans que pour cela son poids augmente; comme nous savons qu'il diminue de volume, suivant qu'il est plus ou moins pressé ou refroidi.

La hauteur de l'atmosphère n'a pu être fixée que d'une manière approximative. D'abord on lui avait donné un peu moins de 6 lieues en hauteur; mais l'opinion la plus commune admet aujourd'hui qu'elle peut être de 15 à 20 lieues, différence énorme, qui doit faire penser que l'on est encore peu instruit sur cette question. M. Pouillet estime la hauteur de l'atmosphère à 25 lieues.

Si on s'en rapporte aux observations de l'astronome Mason, d'après ses observations des étoiles filantes télescopiques, on estimerait la hauteur de l'atmosphère à 1800 lieues de 25 au degré. Depuis Brandes et Benzemberg, des calculs ont été faits sur la hauteur des bolides ou globes filants, et on estime leur hauteur pour le commencement à près de 200 lieues. Or, comme ils ne peuvent s'enflammer que dans l'atmosphère, on doit nécessairement lui donner cette hauteur. Si on trouve 200 lieues pour les météores qui s'enflamment le plus près de la terre, que trouvera-t-on pour les étoiles filantes de 9e grandeur qu'on aperçoit à l'œil nu? Les étoiles filantes étant classées suivant leur taille, on trouve en effet trois grandeurs attribuées aux bolides ou globes filants, et six grandeurs pour les étoiles filantes proprement dites. Si nous nous occupions de la hauteur des météores télescopiques, nous arriverions peut-être à la hauteur assignée par Mason. Quoi qu'il en soit, comme tout s'enflamme dans l'atmosphère, il faut de toute nécessité reporter sa hauteur à une très-grande distance.

En un mot, nous dirons que jamais aucun de ces météores, quelle qu'ait été sa taille, n'a passé, pendant notre longue période d'observations, au-dessous des rayons des aurores boréales, ni au-dessous des cirrus, et qu'il a encore bien moins traversé les nuages.

M. Quetelet lui-même admet que si on prend en considération les notions acquises sur les étoiles filantes et les météores lumineux en général, ce n'est plus la hauteur de 20 lieues pour l'atmosphère qu'il faut admettre, mais bien qu'il faut étendre à trois ou quatre fois davantage l'élévation actuellement admise.

M. Dortet de Tessan, dans son voyage autour du monde, a trouvé, ainsi que je l'ai dit dans mes nombreuses observations, que la lumière zodiacale atteignait quelquefois une distance au soleil de 110°; j'ai trouvé assez souvent même plus de 110°, sans que la lumière cessât d'être parfaitement visible. De ces faits, il y a probabilité en faveur de l'hypothèse, que les deux extrémités opposées des rayons lumineux de la lumière zodiacale pourraient bien se rencontrer.

J'ai remarqué aussi, comme M. de Tessan, que

ce n'est pas toujours quand le ciel est le plus pur qu'on voit le mieux la lumière zodiacale. Cela tient évidemment à de certaines conditions résultant des transformations atmosphériques.

Lorsque le ciel est bien pur, on voit très-nettement, quelque temps après le lever du soleil ou au moment de son coucher, des rayons lumineux qui vont converger vers le point opposé du soleil. L'apparition de ces rayons ne commence que peu de moments avant le lever du soleil ou avant qu'il soit couché, et ils disparaissent quelque temps après, pour ne plus laisser voir qu'une teinte plus uniforme. Au moment où on voit toucher le point convergent des rayons soit à l'E., ou à l'O., en se retournant on est certain de voir le soleil se coucher ou se lever. Ces rayons sont plus ou moins visibles suivant l'état de l'atmosphère.

Trois quarts d'heure environ après le coucher ou avant le lever du soleil, quand il a cessé d'éclairer ou qu'il n'a pas encore éclairé les nuages des basses régions, on voit naître tout à coup, presque sans transition, des rayons non convergents comme les premiers, mais au contraire très-divergents à la manière des rayons des aurores boréales. Le commencement, le milieu qui est l'intensité, et la fin de ce curieux phénomène, n'ont pas une durée maximum de plus de vingt minutes. Ces rayons, comme la lumière zodiacale, atteignent une distance du soleil quelquefois assez grande, comme aussi, dans d'autres circonstances, ils dépassent à peine l'horizon. Ce qu'ils ont de particulier, c'est qu'ils ont un mouvement de translation dans l'espace, tantôt dans une direction, tantôt dans une autre. Seulement leur déplacement est généralement moins rapide que le déplacement des rayons des aurores boréales.

Ces rayons disparus, il reste toujours dans l'atmosphère un espace éclairé par la lumière réfléchie, son intensité diminuant graduellement jusqu'au moment où elle disparaît complétement de l'horizon. Bien entendu qu'il ne peut être question ici de l'époque qui suit ou avoisine le solstice d'été, puisque alors il ne fait jamais entièrement nuit à Paris et qu'on a toujours un crépuscule, sans doute bien faible, mais constant. Ici encore on se tromperait grandement si l'on prenait cette dernière phase pour un indice rigoureusement exact des hauteurs de l'atmosphère. Pour arriver à cet entier épuisement du jour à l'horizon il faut deux heures au moins, ce qui donne déjà 30° d'abaissement du soleil et non 18°. De plus, alors qu'on ne voit plus rien à l'horizon, il y a encore une autre réfraction astronomique qui précède l'aurore ou qui succède au crépuscule. Cette réfraction plus ou moins brillante, suivant l'état de l'atmosphère, commence à paraître quelquefois plus d'une demi-heure avant que le jour commence à poindre à l'horizon à la distance de 40 à 50° de la verticale. Cette teinte de lumière à peine sensible se développe peu à peu, rend d'abord l'horizon d'une apparence plus ténébreuse; puis, par son accroissement successif, commence à l'éclairer et à faire pâlir la lumière des étoiles.

Toutes choses égales d'ailleurs, les effets se voient encore mieux le matin que le soir, puisque sortant des ténèbres de la nuit, la moindre lueur nous cause bien plus de sensation que lorsque nous sortons du grand jour.

Si on s'arrête aux éléments que produit cette dernière réfraction astronomique pour évaluer les extrêmes limites de l'atmosphère, on sera amené à doubler l'abaissement du soleil sous l'horizon. Ce serait au moins 36° au lieu de 18°, et l'on augmenterait également l'élévation de l'atmosphère dans l'espace, en laissant même de côté les apparences de la lumière zodiacale et d'autres signes non moins remarquables.

Est-il rien de plus frappant et de plus beau que le spectacle des aurores boréales, surtout quand elles ont envahi plus de la moitié du ciel?

Les anciens les désignaient suivant les différents aspects où ces aurores s'étaient montrées. Tantôt ils les nommaient gouffres, lances, chevelure, soleil nocturne, lueur et embrasement du ciel, etc., etc. Enfin, Aristote, Cicéron, Sénèque, Pline, rangeaient ces phénomènes dans la catégorie des feux célestes. Pline assure « qu'on » voit dans le ciel un incendie tomber sur la » terre en pluie de sang. »

De nos jours on a rattaché l'origine des aurores boréales à bien des causes, et l'on a imaginé bien des hypothèses pour les expliquer. Depuis les exhalaisons terrestres et le fluide magnétique jusqu'à l'électricité, il y a, comme on le voit, de la marge. On leur a donné une élévation de plusieurs milliers de milles. Comme on reconnaît que les aurores boréales sont à l'extrême limite de l'atmosphère, elles en font donc partie.

De mes observations personnelles il résulte que le siége des aurores boréales est entre la zone des cirrus ou nuages les plus élevés, et la région des météores filants. Et la preuve, c'est que je n'ai jamais vu un météore filant, quelle que soit sa taille, passer par-dessous les rayons des aurores boréales ; toujours je les ai vus passer par-dessus.

Quant à la matière qui compose les aurores boréales, je puis dire qu'elle est très-diffuse, formée de vapeurs sèches, plus ou moins éclairées suivant qu'elles se condensent. Ce qui m'a confirmé dans cette hypothèse, c'est qu'il m'est arrivé plusieurs fois, pendant la durée d'aurores boréales qui dépassaient le zénith, de voir passer devant le disque de la pleine lune la matière qui leur donne naissance.

Il n'est pas rare de voir des aurores boréales coïncider avec des aurores australes. Les aurores boréales atteignant ou dépassant le zénith sont visibles jusque dans le nord de l'Afrique, bien entendu suivant leur hauteur dans l'atmosphère. Elles ont un mouvement de translation; tantôt elles marchent de l'E., une autre fois de l'O., etc. Quelquefois elles ont des stations, alors la matière qui leur donne naissance quitte la forme de rayons pour prendre la forme de figures les plus bizarres.

Durant les grandes apparitions, les aurores boréales influent sur l'aiguille aimantée et interrompent assez souvent le service des télégraphes électriques.

Nous passons maintenant aux halos et aux parhélies.

Les halos sont plus ou moins colorés autour du soleil et de la lune, suivant les conditions de l'air atmosphérique. Il en est de même des parhélies.

Les cirrus seuls, ou la matière qui les forme, plus ou moins condensée, donnent naissance aux halos. Moins les cirrus sont condensés, plus ils sont brillants. Les parhélies paraissent quand il existe au-dessous des cirrus des matières ou des vapeurs qui donnent naissance à des nuages allant prendre place entre les cirrus et les nuages de la moyenne région.

Les halos et les parhélies solaires, ou lunaires dits parasélènes, se montrent à toute heure de la journée et de la nuit. Seulement, pour les parhélies et les parasélènes, ils sont plus brillants à une certaine hauteur de l'horizon ; et cela se conçoit, puisqu'on les aperçoit à travers les couches obliques de l'atmosphère. Ces phénomènes sont très-communs ; il y a dans toutes les saisons des jours où on les aperçoit à plusieurs reprises. Ce qui est le moins commun, ce sont les halos et les parhélies extraordinaires. Voici deux *figures* 1 et 2 qui donnent un spécimen du halo ordi-

Fig. 1.

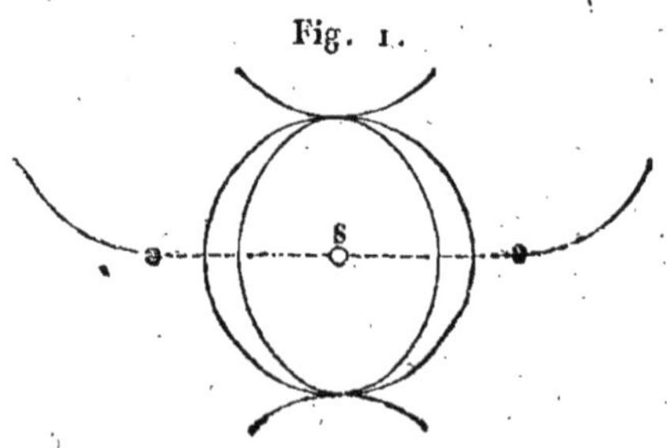

naire et du halo extraordinaire accompagné de parhélies.

Fig. 2.

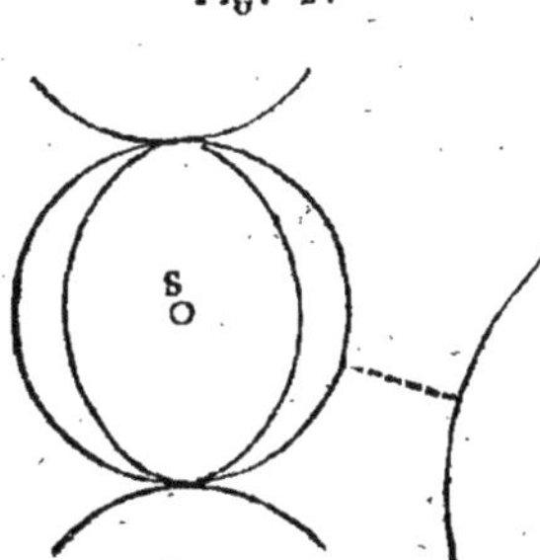

Les halos se voient à toute heure de la journée. On en voit également à toute heure de la nuit, quand la lune est sur l'horizon; mais leur éclat est loin d'être aussi beau.

On remarque aussi assez souvent des couronnes autour du soleil et de la lune. Il en est des couronnes comme des halos, la vivacité de leurs couleurs varie avec l'état présent de l'atmosphère. Les couronnes produites par la lune sont beaucoup plus jolies et de couleurs plus vives que les couronnes produites par le soleil. La région des couronnes se trouve dans les couches de nuages les plus rapprochées de nous.

Il y a aussi un phénomène qui est moins rare qu'on ne le pense généralement, c'est celui qui accompagne les levers et couchers du soleil et de la lune sous la forme de colonnes plus ou moins lumineuses, suivant les conditions atmosphériques. Quelquefois même les colonnes existent aux deux pôles de l'astre ; quelquefois aussi, mais plus rarement, il y en a de supplémentaires à ses côtés, O. et E.; ce qui forme l'aspect d'une croix, le soleil ou la lune occupant le centre. Il y en a qui prennent la forme d'un chapeau. Ces faits, en 1816, avaient donné lieu, à des habitants de Festieux près de Laon, de dire, en regardant une de ces apparitions qui avaient l'apparence d'un tricorne : « Vous voyez bien que Napoléon reviendra » puisque le soleil nous montre son chapeau. »

Les arcs-en-ciel sont des arcs de cercle représentant les couleurs du prisme; ils sont formés, comme Descartes l'a démontré, par la réflexion des rayons solaires sur les gouttes de pluie. On voit des arcs-en-ciel après des grains de grésil ou de neige, et même, comme l'a vu M. de Tessan, après une chute de grêle. Voici la *figure* 3 qui

Fig. 3.

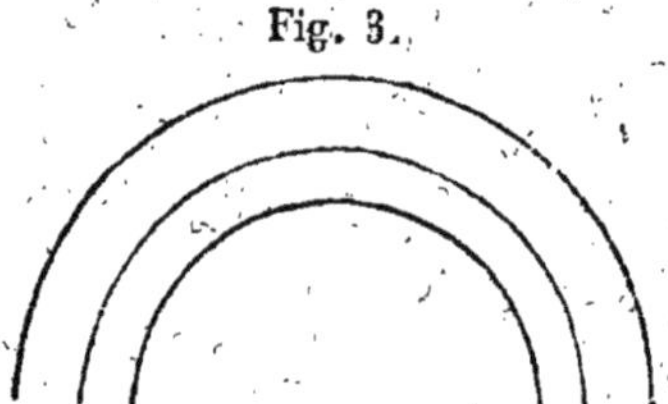

représente l'un des plus beaux arcs-en-ciel que j'ai vus jusqu'ici. C'était le 12 octobre 1850, après midi; outre le grand arc qui avait une grande vivacité de couleurs, le petit arc, qui était éclatant, se trouvait doublé dans toute son étendue d'un arc supplémentaire dont les couleurs touchaient le petit arc.

Il m'est arrivé bien souvent de voir des arcs-en-ciel dans des brouillards, surtout quand on était peu éloigné de murailles, de haies ou de petits monticules, ce qui donnait moins d'épaisseur à la couche de brouillard. L'arc-en-ciel paraissait très-près de l'observateur. Pour qu'un pareil phénomène ait lieu, il faut que le brouillard donne passage dans des éclaircies aux rayons solaires. On voit quelquefois aussi dans ces instants ce qu'on nomme des *apothéoses*.

Il n'est pas nécessaire de se transporter, comme l'astronome Bouguer, sur les hautes montagnes du Pérou pour jouir du spectacle de cette particularité; il suffit de s'en aller dans les champs, surtout au matin par la rosée, regarder principalement sur de la verdure pour voir à l'entour de l'ombre de sa tête par la diffraction de la lumière une apothéose; pour le reste du corps, cela n'est pas tout à fait aussi remarquable, parce que le phénomène est moins concentré. Ceci peut faire voir combien souvent les personnes qui n'ont pour ainsi dire pas quitté le cabinet, sont ignorantes des choses les plus simples que le vulgaire connaît.

Il nous reste maintenant à parler des nuages irisés, phénomène qui se montre aussi assez souvent et est tout différent des couronnes et des arcs-en-ciel, quoique représentant également les couleurs prismatiques. Seulement ici, comme le phénomène se passe dans la moyenne région des nuages, il en résulte que dans les belles apparitions on voit les couleurs en bandes horizontales.

Dans bien d'autres cas de nuages irisés, les bandes ne sont pas toujours en ligne droite; ce sont souvent de petits amas diversement colorés et sans suite. Si bien souvent les cas de nuages irisés sont avec les halos et les parhélies les avant-coureurs des temps mauvais, dans d'autres, du moins pour nos contrées, leurs indices ne sont pas suffisants ou ne peuvent servir à rien; car j'en ai remarqué assez souvent dans des périodes de beau temps. Les anciens observateurs avaient déjà reconnu combien ces signes étaient d'ordinaire incertains pour les localités qu'ils habitaient. Les cirrus même ne sont pas toujours accompagnés de halos solaires ou lunaires. Ces halos sont plus brillants quand les cirrus sont moins denses; cependant on les voit persister, mais avec une lueur bien faible pour l'observateur, à travers les couches très-denses de cirrus.

CHAPITRE III.

Divisions de l'atmosphère.

De l'atmosphère divisée en plusieurs zones; de l'air que ces zones contiennent, de ses propriétés; de son mouvement; de la différence de chaleur des couches des montagnes et des plaines.

Nous avons démontré que l'atmosphère est beaucoup plus élevée qu'on ne le croit généralement, que pour nous sa hauteur est illimitée, puisqu'il ne nous est pas possible, par les seules connaissances que nous en avons, d'en pouvoir assigner le terme. Bornons-nous donc, jusqu'à plus ample informé, aux seules données certaines que nous avons sur ce sujet si important.

L'atmosphère se divise par zones bien déterminées, depuis sa base, qui est la terre, jusqu'aux limites les plus reculées où elle peut s'étendre. La première zone va depuis la terre jusqu'aux nuages les moins élevés. La deuxième va des nuages les plus bas jusqu'à l'extrême limite des nuages de la moyenne région. La troisième zone monte jusqu'à la plus grande hauteur des cirrus, que les ballons n'atteignent jamais, même dans sa partie inférieure. La quatrième comprend toute la région où apparaissent les aurores boréales et australes. La cinquième appartient entièrement à la partie de l'atmosphère où s'enflamment tous les météores filants. Est-ce là la dernière zone? Nous n'en savons rien. Cette dernière zone, qui est immense en profondeur, touche-t-elle aux régions éthérées? Nous parviendrons peut-être à le savoir un jour. Ce que nous connaissons de ces subdivisions se réduit à l'apparence des diverses tailles des météores filants qui s'y enflamment et de la moyenne des courses parcourues par leurs trajectoires.

Cette division des zones atmosphériques qui enveloppent la terre de toutes parts, nous montre que plus ces zones se rapprochent de la terre, plus elles se trouvent resserrées dans d'étroites limites. En effet, si nous voyons d'une part que la première zone a le moins d'élévation, nous sommes certains d'autre part que la zone des météores filants est la plus profonde. D'où l'on peut conclure, suivant toute probabilité, que l'air contenu dans la première zone est beaucoup plus comprimé que dans les dernières. Une conséquence évidente de ceci, c'est qu'il faut une très-grande somme de forces pour agir sur le mouvement de translation de couches aussi pressées.

L'air où nous vivons, aussi bien que l'air qui occupe l'espace jusqu'aux dernières limites de l'atmosphère, n'est jamais en repos, même lorsque son mouvement est insensible pour nous et que nous le croyons dans un calme parfait. En effet, avec de bonnes lunettes, on voit les ondes aériennes dans une agitation continuelle. Et même sans le secours de lunettes, en été surtout, soit par le miroitement des toits couverts en ardoises, soit sur les champs bien éclairés par le soleil, vous apercevez l'air onduler en tous sens. Donc le calme de l'air n'existe jamais ; l'air est seulement plus ou moins en mouvement.

Nous avons maintenant à faire voir, par ce qui se passe en tout temps et en toute saison, que les divers produits naissant dans l'air ou en faisant partie, pondérables ou non, traversent en certains moments, et à partir des hauteurs les plus élevées de l'atmosphère jusqu'à la terre, toutes les tranches des diverses régions et zones atmosphériques, de même que ces produits remontent ensuite de la terre vers le haut pour reprendre la place qui leur est habituelle. Une fois le fait bien reconnu, ce mouvement atteste combien est grande la force qui vient d'en haut, et cause toutes les transformations atmosphériques, pour se faire jour à travers tant de résistances accumulées les unes sur les autres et qu'elle doit vaincre.

En effet, ne voyons-nous pas les nuages les plus bas, comme les plus élevés, tantôt se condenser assez fortement, tantôt se réduire en vapeurs très-légères et presque imperceptibles pour traverser dans l'un et l'autre sens toutes les tranches qui les séparent, pour arriver jusqu'à nous ou pour s'élever au plus haut? Et leurs diverses transformations ne sont-elles pas tout aussi faciles que celles que subissent, pour arriver aussi jusqu'à nous, la lumière, la chaleur, le froid, la pluie, la grêle, la neige, la foudre, les brouillards secs ou humides, etc.?

Il est donc plus que probable que chaque zone, chaque région et même chaque tranche renferme des matières *organiques* qui lui sont essentiellement propres, mais qui, mélangées avec les atomes et les molécules diverses qui leur arrivent d'autres régions, donnent naissance alors aux productions météoriques de toutes les espèces.

L'état parfait d'équilibre de la masse d'air composant l'atmosphère doit être celui où tous les éléments, quelque minimes qu'ils soient, qui entrent dans sa composition ou se mêlent avec lui, sont tellement disséminés entre eux, qu'aucun d'eux en particulier ne puisse déranger en quoi que ce soit l'équilibre de toute la masse. Suivant toute probabilité, cet équilibre doit produire sur la terre et sur les objets dont elle est entourée, un état de calme qui peut durer autant que les circonstances qui le causent. Cet état d'équilibre doit représenter ce qu'on peut nommer un *très-beau temps*.

Dans une suite de beaux jours, quel est l'état habituel du baromètre ? La colonne barométrique est très-élevée, puisqu'elle dépasse quelquefois 775 millimètres ; tandis que si les choses se passent à l'inverse, c'est-à-dire que nous ayons une suite de mauvais jours, et que ce soit une période de pluies continuelles accompagnées de grands vents et de tempêtes, la colonne barométrique se tiendra aussi quelquefois au-dessous de 730 millimètres. C'est donc entre les deux oscillations extrêmes une différence de près de 40 millimètres. Ceci se rapporte uniquement aux terres peu élevées au-dessus du niveau de la mer.

La mer étant la base où touchent tous les éléments qui donnent naissance à des produits météoriques si divers, il est probable que plus on s'élève, plus l'espace contenant tous ces éléments diminue, et moins l'équilibre doit être parfait, c'est-à-dire doit réunir toutes les conditions requises au niveau de la mer pour amener le baromètre à 775 millimètres et même au delà. Il faut donc s'attendre, et c'est ce qui arrive en effet, à ce que plus vous aurez soustrait par l'élévation des milliers de mètres de la partie renfermant tous les éléments possibles, plus la colonne barométrique devra s'éloigner du but indiqué au niveau de la mer; car plus vous vous élevez, plus le contenu diminue.

Il semble résulter de ce qui vient d'être exposé, que l'air, lorsqu'il est dans les conditions normales, doit être plus pesant dans les beaux jours où toutes les matières qui le composent ou qui sont mélangées avec lui sont tellement disséminées et renfermées dans chaque tranche, région ou zone qu'elles occupent, qu'elles ne semblent plus former qu'un seul corps.

Au contraire, il serait plus léger dans les mauvais temps par la désagrégation des molécules propres à la formation de la pluie, etc., qui se trouvent attirées et rassemblées en un point encore assez élevé au-dessus du niveau des mers.

Est-il probable que la zone contenant l'ensemble des matières propres à la génération de tous les produits météoriques dépasse la hauteur des cirrus, que les ballons n'atteignent jamais, et qui égale environ 10 000 mètres soit au-dessous, soit au-dessus ? C'est ce qu'il nous est impossible d'affirmer. Seulement, une chose paraît évidente, c'est que toutes les oscillations barométriques sont annoncées à l'avance par les perturbations qu'éprouvent les météores filants. C'est ce qu'on voit surtout par les sortes d'étoiles filantes dites *mouillées;* nous savons que quand ces étoiles apparaissent, la pluie est très-proche, et qu'elle est d'autant plus considérable que nous en aurons observé davantage. Nous parlerons de bien d'autres détails, quand nous en serons au chapitre des perturbations des étoiles filantes. Mais revenons.

L'air se dilate ou se resserre suivant la chaleur à laquelle il est soumis. C'est de 10 heures du matin à 3 heures du soir que la chaleur a le plus d'action sur l'air. Cependant cette chaleur est loin d'être toujours la même. Quoique le plus fort maximum de la chaleur ait lieu dans les mois d'été, surtout par des vents de l'E. au S.-O. passant par le S., cette chaleur est quelquefois bien moindre dans cette saison, lorsque des vents d'autres régions viennent s'opposer à son entier développement.

Le thermomètre, d'après ce qui vient d'être exposé, a bien moins d'importance que le baromètre; car par un très-beau temps, si l'air est vif, il peut faire très-*froid,* tandis que même par un temps de pluie, surtout s'il y a des éclaircies et si l'air est calme, il peut faire *étouffant*.

Un fait constaté en tous lieux et dans toutes les parties de la terre, c'est la très-grande différence de température de l'air à la base ou au sommet des montagnes, ou du point de départ des ballons à leur élévation la plus grande. On en a conclu, non sans quelque raison, que plus on s'élevait dans les couches supérieures de l'atmosphère, plus le froid devait augmenter. Aussi a-t-on calculé, même jusqu'à des hauteurs immenses, l'affaiblissement graduel de la température.

Voyons un peu si ce fait des différences de température, de la base au sommet des montagnes, n'a pas quelque raison d'être particulière, et si la mesure des différences de température des couches de l'air atmosphérique, prises à différentes hauteurs au moyen des ballons, a toujours été constante.

En adoptant, comme on le doit, le niveau des mers pour base des couches de l'atmosphère, il en résulte ceci : c'est que, s'il n'y avait pas d'inégalités sur la terre, la chaleur serait constante, dans les limites, bien entendu, de la variation atmosphérique pour chaque zone du globe. Il est évident que l'air, par des empêchements quelconques, rencontrant des obstacles à son libre passage d'un endroit à un autre, doit se resserrer sur lui-même, et par là établir contre des parois qui gênent sa libre expansion, une pression plus forte qu'il n'en exerce sur de vastes étendues de plaines, de terre ou d'eau. Ce resserrement causé par les montagnes à la libre circulation de l'air, doit lui communiquer un mouvement continuel d'aspiration à franchir les obstacles et doit lui faire perdre une grande partie de la chaleur qu'il avait dans les plaines. Or ce qui se passe pour les montagnes peut très-bien se rencontrer pour les obstacles créés par les contre-courants dans l'atmosphère et produire des effets analogues, comme aussi donner, suivant les différentes directions des courants, des effets opposés. En parlant de la formation de la grêle, j'aurai plus loin l'occasion de dire quelques mots à ce sujet.

Ce qui vient d'être dit des contre-courants peut être corroboré en quelque sorte par les résultats de diverses ascensions faites en ballon; car si des aéronautes ont trouvé une décroissance uniforme de température, d'autres ont trouvé le contraire. Examinons donc, d'après les connaissances que nous avons acquises sur les diverses couches atmosphériques, ce qu'il peut y avoir de vrai dans l'un et l'autre indice.

J'ai démontré, ce me semble, avec toutes les

preuves possibles, comment l'atmosphère était divisée en plusieurs zones, régions et tranches. Il importe maintenant de démontrer comment, sans parler encore des nuages et autres produits météoriques, qu'on peut au moyen des ascensions de ballons constater les différents courants que ces ballons ont rencontrés, et comment, peut-être, ils ont pu en effet trouver des températures plus élevées qu'à leur point de départ, au moment au contraire où les aéronautes s'attendaient à ne trouver qu'une température toujours décroissante.

Il n'y a de doute, je crois, pour personne, que si une ascension a lieu jusqu'à une certaine hauteur au milieu des courants venant de la partie du N., le froid augmentera pour l'aéronaute tant qu'il restera au milieu de pareils courants; tandis que si des courants du N. il monte dans un courant venant du S., la température, au lieu de décroître, augmentera nécessairement. Ceci est surtout sensible si ce courant de la région S. n'est pas contrarié ou pressé en dessus par des courants opposés du N., qui lui imposeraient alors un vent de soufflet ou comprimé, ce qui lui ôterait sa véritable valeur. On voit que le ballon pourrait traverser ainsi des tranches de chaleur toutes différentes, sans qu'il y eût là rien que de très-naturel. En effet, ce qui se passe sur terre en certaines circonstances en est un indice à peu près certain. Par exemple, un courant du N. arrive obliquement sur nous à travers les couches de l'atmosphère ; le thermomètre baisse pour nous suivant que la force de ce courant sera plus ou moins vive ou pressée. Ce courant a rencontré un obstacle en amont ; son action s'arrête devant l'obstacle ; et jusqu'au moment où il aura pu le renverser, il sera ce qu'on appelle obligé de fuser, c'est-à-dire que devant cette barrière il deviendra plus ou moins O. ou plus ou moins E. Cet obstacle était, je suppose, un courant du S. ; aussi, tandis que le thermomètre baissera chez nous par suite de la pression N., il restera au contraire très-élevé dans les contrées exposées aux vents du S. (*fig.* 4).

Fig. 4.

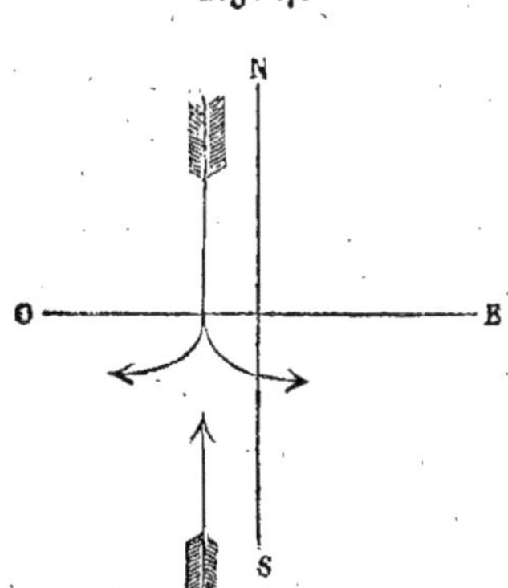

Dans bien des hivers, nous apprenons que pour

des pays peu éloignés de nous, soit au nord, soit au midi, le froid se fait sentir vivement dans la localité, tandis que chez nous nous n'en soupçonnons pas même l'existence. Pourquoi voudrait-on que les mêmes effets ne fussent pas sensibles dans les hautes régions de l'atmosphère? C'est pourquoi je n'ai pas hésité à donner dans mes *Recherches sur les Météores* la relation de quelques ascensions de ballons, pour montrer la probabilité très-grande de ce que j'avance en ne faisant que le soupçonner.

Je mets ici deux exemples seulement pour que les lecteurs puissent se faire une idée de ce qui vient d'être dit. Le 21 juillet 1844, M. Margat partit en ballon du côté de la Bastille dans l'après-midi. Il descendit à Montrouge, après une heure de navigation aérienne qui offrit les particularités de divers changements de courant. Ainsi il partit par un courant de N.-E., puis rencontra un courant de S.-O., ensuite N.-E., puis N.-N.-O., et en descendant il retrouva le courant de N.-E. qu'il avait à son départ. (Voyez *fig.* 5.)

Le 7 juillet 1850, ascension de M. Poitevin vers 6 heures du soir. Il était monté sur un cheval; il partit par un vent de N.-O., rencontra un courant du S., puis S.-E., puis E., puis N.-E., puis en descendant N.-O. (*fig.* 6).

Pour les différences de degrés de température qu'on éprouve dans les différentes couches d'air

Fig. 5.

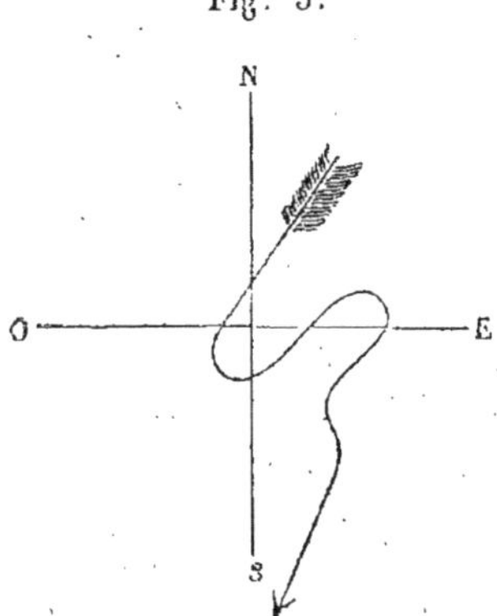

qu'on traverse en s'élevant dans l'atmosphère, nous avons : 1° l'ascension du 18 juin 1842, de M. Dupuis-Delecourt;

Fig. 6.

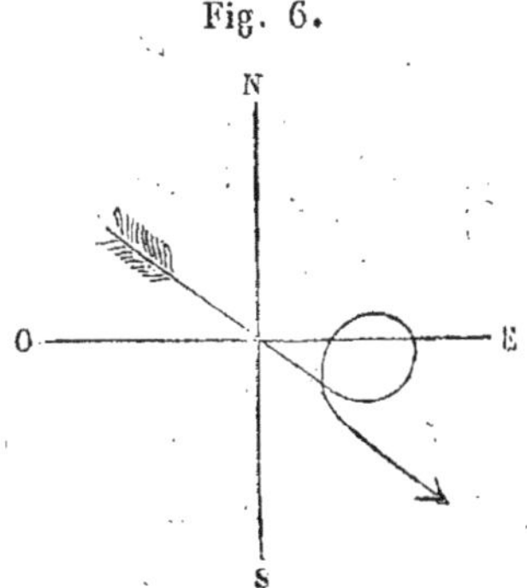

2° celle de M. Poitevin du 17 juillet 1851, puis d'autres encore qu'il serait trop long de citer ici.

De toutes les observations que j'ai réunies, il

résulte que les courants contraires qu'on rencontre dans l'atmosphère viennent à leur tour plus ou moins vite sur la terre, suivant le degré de résistance qu'ils rencontrent; ou s'ils sont plus ou moins horizontaux, ils viennent prendre la place des courants qui règnent à terre. Nous reparlerons plus loin de ces résultats pour en tirer quelques conséquences,

Il est facile de voir que les cinq zones que nous avons signalées dans l'atmosphère doivent être divisées en je ne sais combien de couches ou tranches, et que toutes les molécules diverses mêlées à l'air qui occupe chacune de ces tranches se condensent ou se désagrégent dans une foule d'occasions. Ces molécules, soit en traversant les couches, soit en montant, soit en descendant, suivant que l'ordonne la puissance qui réside en haut, ainsi que nous l'avons vu, donnent naissance par leur mélange aux différents produits météoriques que nous observons et qui ne sont que le résultat de leurs diverses combinaisons. Ceci démontre bien que l'atmosphère est un véritable laboratoire toujours en action, composant et décomposant alternativement toutes choses.

Ce qui doit étonner le plus dans cet immense travail toujours en mouvement, c'est que, malgré cette extrême division des couches ou des tranches atmosphériques, c'est que, quoique une partie de leurs molécules contenues dans l'espace, qui est leur véritable domaine, passent alternativement dans les autres par un mouvement descendant ou ascendant; c'est que, quoiqu'elles soient coupées plus ou moins obliquement par un courant descendant, ces couches ou tranches, une fois le moment de l'événement passé, se trouvent toujours occuper le lieu qu'elles avaient primitivement, comme si jamais une partie de l'air qui les occupe n'avait flué dans les autres. Ceci porterait à croire que cet air s'écarte pour donner passage et ne se rejoint qu'au moment où le courant reprend sa marche horizontale dans la couche ou les tranches qu'il a traversées; car jamais on ne voit les météores filants ni les nuages se heurter. On les voit au contraire changer de direction ou disparaître.

Ceci est tellement vrai, qu'aussitôt qu'un courant s'abaisse plus ou moins verticalement vers la terre et qu'il rencontre sur son passage les produits appartenant à la classe des courants qu'il vient remplacer, il leur fait rebrousser chemin, ou bien il les dissipe petit à petit en les réduisant en des gaz ou vapeurs presque imperceptibles, et il finit par les faire disparaître entièrement au fur et à mesure qu'il gagne en étendue. Si au contraire le courant qui vient remplacer est tout à fait horizontal, c'est qu'il a pris naissance dans des espaces très-éloignés. Aussi voyons-nous les courants qui sont au-dessus garder encore quelque temps leurs mouvements de translation et les produits qui leur sont propres, jusqu'au moment où le courant a non-seulement gagné en étendue, mais aussi en hauteur par la durée de sa force.

On est généralement dans l'opinion que toutes les surfaces atmosphériques dites de *niveau* s'emboîtent les unes dans les autres et ne peuvent jamais s'entrecouper. Cependant, d'après les faits que je viens de citer et d'autres qui trouveront leur place aux chapitres des vents, des orages, des trombes et des tempêtes, il est prouvé que toutes ces surfaces se trouvent quelquefois traversées presque à angle droit. Dans d'autres circonstances, le mouvement a lieu plus obliquement, et il est alors plus longtemps à se faire sentir sur terre. Par là on voit sans peine pourquoi une tempête ou un coup de vent et d'autres produits météoriques viennent accabler un point de la terre plutôt qu'un autre, et pourquoi, lorsqu'une tempête a lieu au loin, les nuages dans une grande étendue ont presque toujours un mouvement oscillatoire, et souvent un mouvement en spiral.

CHAPITRE IV.

Phénomènes aqueux. — Vents.

Des nuages, de la rosée, du serein, de la gelée blanche, de la lune rousse, des brouillards ordinaires, des brouillards secs, de la pluie, de la neige, du verglas, du grésil et de la grêle. — Des vents, ouragans, tempêtes et tourbillons.

Dans mes *Recherches sur les Météores*, j'ai rapporté l'opinion des anciens et des modernes sur les nuages, la suspension des gouttes d'eau dans l'air, sur l'eau réduite à l'état de vapeur, l'équilibre des nuages, la formation du brouillard. Ensuite j'ai essayé de faire comprendre par mes propres observations comment tout cela se passait. Nous dirons donc seulement ici que Howard a classé les différentes espèces de nuages suivant leur forme, et que cette classification a été adoptée par les météorologistes : 1° les cirrus; 2° les cumulus; 3° les stratus; 4° les nimbus, qu'on a ajoutés depuis à cette énumération. C'est de là qu'on est parti pour augmenter le nombre de ces différentes espèces de nuages, en faisant un mélange de ces divers éléments; par exemple, cirro-cumulus, cumulus-stratus, nimbus-stratus, etc.

Les cirrus paraissent de bien des manières; en rayons plus ou moins développés et plus ou moins condensés; en amas plus ou moins petits de vapeurs amoncelées; tantôt aussi déliés que des brins d'herbe se courbant et s'entrelaçant de mille façons; tantôt se montrant aussi en amas assez denses pour représenter un peu la forme de petits cumulus, ou de couches planes devenant de plus en plus denses jusqu'à rendre le ciel uniformément couvert.

Que les cirrus soient divisés en une ou plusieurs couches ou tranches, ils n'en sont pas moins soumis comme les autres nuages à la force des courants qui entraînent toutes les couches à la fois, ou chacune d'elles en particulier vers une direction quelconque.

Dans les cirrus plus ou moins figurés en amas et qui sont des sortes de nébuleuses compactes, on voit encore assez souvent la pluie qui s'échappe de cette espèce de nuages; les traînées sont plus ou moins rectilignes. Lorsque les cirrus sont en couches planes très-denses, et qu'on ne les aperçoit qu'à l'extrémité de l'horizon, cela indique la région où se passent des phénomènes météoriques plus ou moins importants. Si les cirrus en surface plane couvrent tout l'horizon, sans même être accompagnés d'aucune autre espèce de nuages, la pluie nous arrive d'une manière douce, uniforme et en assez petite quantité. Si c'est pendant l'hiver, il tombe de la neige très-fine.

Les cirrus ne sont pas toujours accompagnés de halos et parhélies, ce qu'on ne peut comprendre à moins d'admettre que, comme le constatent les ascensions en ballon, les courants, suivant les différentes directions, ne soient pas toujours de même température. Si les ballons traversent les nuages, cependant, si haut qu'ils s'élèvent, ils n'atteignent jamais les cirrus.

Les cumulus existent dans toutes les saisons; seulement leurs formes sont plus dessinées de mars à décembre que de décembre à mars. Cela tient à l'obliquité des rayons solaires et des nuages légers des basses régions qui couvrent souvent l'horizon dans les mois d'hiver.

La région des cumulus est la plus orageuse, par conséquent la plus électrique. Les cirrus seuls ne produisent ni orage, ni éclairs, tandis que les cumulus seuls ont la propriété d'en fournir. Cependant, quoiqu'il y ait souvent des cumulus, il n'y a pas toujours des orages; au contraire, il y a fréquemment des beaux jours où se montrent des cumulus. Quand il en est ainsi, il arrive que les cumulus, après avoir pris en peu de temps un certain volume, s'arrêtent dans leur formation par des courants qui leur sont contraires. Aussi les voit-on alors rester détachés les uns des autres sans se joindre, ou s'étendre, ou se dissoudre petit à petit en vapeurs moindres, et anéantir ainsi les produits qu'ils recélaient dans leur sein.

Les cumulus comme les cirrus se montrent à toutes les heures du jour et de la nuit; néanmoins ils sont plus communs dans la journée. Il n'y a que dans les époques d'orages et de pluies continuelles que l'heure est indifférente.

On a nommé *stratus* de longues bandes horizontales de nuages qu'on voit quelquefois au coucher du soleil, et *nimbus* une transformation de nuages qui, dans les moments de pluies abondantes, montrent une couche épaisse et presque uniforme d'une couleur plus ou moins foncée.

On connaît l'opinion des physiciens sur la rosée et le serein. Cependant suffit-il toujours que le ciel soit clair pour que le produit du rayonnement se convertisse en rosée ou en serein? Non, cela ne suffit pas. Il arrive encore assez souvent, et plusieurs jours de suite, que par un beau ciel il n'y a pas de rosée. Ceci est un véritable bienfait de la Providence quand cela a lieu du 13 avril au

10 mai, car à cette époque il arrive souvent des gelées tardives qui compromettent les récoltes; elles se trouvent très-souvent conservées quand cela a lieu ainsi.

Sans nous inquiéter de la théorie, nous dirons que si le vent est sec et fort, il n'y a pas de rosée, même l'hiver, et alors il gèle sans qu'il y ait trace de givre. On a remarqué très-souvent qu'à la veille des pluies il n'y a pas de rosée. Cependant là encore il y a exception, et cette exception se produit principalement par les vents de N.-O., tandis que dans les premiers cas, c'est lorsque le vent descend du N. sur le S. par l'E. Dans le cas des vents avoisinant le N.-O., il arrive qu'on a une forte rosée blanche, qui est suivie d'une pluie dans les vingt-quatre heures.

De tout ceci, il résulte que pour la production de la rosée, du givre, de la gelée blanche et du serein, il faut que tout soit préparé dans les couches atmosphériques pour donner naissance à ces produits.

Nous voici arrivé à la lune rousse. A quelle époque de l'année, dans nos climats, une grande partie de nos récoltes se trouve-t-elle compromise? C'est pour les années ordinaires, c'est-à-dire les plus nombreuses, du 15 avril au 15 mai. C'est l'époque où tout pousse avec vigueur.

Dans de pareilles conditions, il n'est pas étonnant que la moindre gelée compromette les récoltes et même, pour peu que le froid atteigne — 4° après avoir eu + 25° de chaleur dans la journée précédente, on peut être certain que les récoltes risquent bien d'être anéanties. On a donc appelé la lune de cette époque, la *lune rousse*, par une sorte de vengeance assez justifiée de la part des cultivateurs, qui voyaient les fanes et les feuilles gelées prendre immédiatement une teinte rousse.

De la lune rousse je passe aux brouillards. Si la rosée, a-t-on dit, se forme lorsque les corps placés à la surface de la terre se trouvent plus froids que l'air ambiant, les brouillards se montrent au contraire quand la température des eaux et du sol l'emporte sur celle de l'atmosphère. C'est principalement, ajoute-t-on encore, au printemps et en automne, le matin et le soir, que les brouillards sont le plus fréquents. On les rencontre principalement au-dessus des marais, des ruisseaux, des rivières, des fleuves et dans le fond des vallées. Tous les navigateurs parlent des brumes épaisses qui couvrent les mers glaciales. Tout le monde sait que la Suisse et l'Angleterre sont remarquables par la fréquence des brouillards.

Il est vrai qu'il y a différentes espèces de

brouillards; les uns, qui arrivent principalement l'été, ne paraissent jamais que le long des ruisseaux, dans les plaines ou dans les vallées, sur la surface des étangs, des marais et des rivières. Il faut pour cela que le temps soit très-calme; car, pour peu qu'il règne à terre des courants un peu vifs, les brouillards ne peuvent se former.

Les cultivateurs, lorsqu'ils remarquent que ces brouillards n'éprouvent aucune perturbation pendant leur durée, disent avec joie : « Nous aurons une belle journée, calme et chaude. » Mais, comme pour la rosée et le serein, il arrive parfois qu'ils se trouvent arrêtés en voie de formation par des courants contraires et ils disparaissent tout à coup. Alors le cultivateur dit, comme pour les rosées blanches : « Gare au changement de temps. »

Il existe des brouillards qui, malgré les diverses conformations des localités, les occupent quelquefois tout entières sur des espaces immenses, au moins jusqu'à la rencontre de courants contraires qui leur barrent le passage ou qui les annulent. Ces brouillards prennent naissance surtout à la fin de l'été, et en automne quelque temps avant l'apparition de l'aurore ou le lever du soleil; ils sont poussés principalement par des vents du N.-O. à l'E. par le N. Si pendant leur durée ils changent de direction par des courants contraires qui se les assimilent, alors le temps est bientôt changé. Les cultivateurs disent : « Le brouillard a remonté, nous aurons de la pluie. »

Cependant si les brouillards remontent comme ils le font ordinairement sans avoir changé de courants primitifs, il ne s'ensuit aucune perturbation atmosphérique, parce qu'en disparaissant le brouillard s'est réduit en atomes si légers, qu'il ne laisse place qu'à un beau ciel. C'est une époque heureuse pour l'agriculteur et le vigneron.

A quoi attribuer les différentes odeurs qui émanent des brouillards? Est-ce à l'électricité ou à d'autres substances? On n'en sait rien. M. Biot avait bien raison de dire : « La science des météores est si peu avancée, qu'on ne sait pas encore ce que c'est qu'un nuage. » Les brouillards dans certains moments ne s'élèvent pas plus haut que les maisons dont le faîte les dépasse; dans d'autres, au contraire, quoique très-denses, ils s'élèvent à une grande hauteur. Outre leur humidité naturelle, ils laissent encore passer à travers leurs molécules la pluie, qui vient des nuages plus élevés.

Nous ne rapporterons pas ici toutes les opinions qu'on s'était formées sur les brouillards secs. Aussi nous bornerons-nous à dire que, lorsque ce phénomène se produit, l'azur du ciel est mat, en l'absence même de tout nuage. Le soleil a une teinte rougeâtre, et les objets éloignés sont effacés ou n'apparaissent qu'à travers une vapeur. En Suisse on les désigne sous le nom de *hâle*, et de *callina* en Espagne. Ce météore se montre spécialement dans le midi de l'Europe et dans les pays chauds.

Ces brouillards secs ne parviennent pas toujours jusqu'à la terre, car dans certaines circonstances ils ne dépassent pas les nuages de la moyenne région ou de la plus basse.

Ces brouillards secs ne diminuent en rien la chaleur du soleil et n'influent en rien sur les autres météores, principalement sur les orages. Seulement, ils sont cause qu'on n'aperçoit les orages qu'au moment même où ils arrivent presque au zénith, et qu'on ne peut se prémunir convenablement contre leurs suites que si l'on est bien familiarisé avec l'observation de tous les météores.

Nous regrettons de ne pouvoir donner ici les raisons qui ont motivé l'opinion qu'on a sur l'origine de ces brouillards. Le cadre de cet ouvrage ne nous le permet pas.

Des brouillards secs, je passe à la pluie.

La pluie est donnée par toutes les couches de

nuages ; seulement, comme nous l'avons déjà fait remarquer, la pluie sortant des cirrus n'arrive pas toujours jusqu'à nous. La pluie ordinaire est d'autant plus abondante, que toutes les couches de nuages concourent à sa formation.

Les nuages qui fournissent la pluie se forment d'après les mêmes conditions que les nuages orageux. Seulement, au lieu d'être aussi considérables et aussi concentrés qu'eux, les nuages à pluie occupent une bien plus grande étendue. Ils se renouvellent sans cesse, et si la pluie ne tombe pas par masses aussi considérables que dans les orages, elle n'en est pas moins abondante, pourvu qu'elle continue.

On a donné le nom de *bruine* à une pluie extrêmement fine, toute semblable à quelques pluies légères qui traversent les brouillards et qui proviennent de leurs molécules trop condensées.

En général, dans les zones tempérées, on sait que c'est à quelques degrés au-dessus ou au-dessous de zéro que tombe la neige. Dans les contrées du Nord, la neige a lieu par les plus basses températures, et elle recouvre pendant une période assez longue, en couches très-épaisses, des espaces immenses. Les hautes montagnes, à la limite des neiges perpétuelles, ne sont jamais longtemps sans en recevoir.

La neige prend la température de la couche d'air où elle passe; la formation du verglas va en donner un exemple.

Depuis plusieurs jours la gelée a été assez forte; cependant dans les hautes régions on voit, par ce qui s'y passe, que le vent de la région du N. va faire place aux vents de la région du S. Effectivement, quoique peu d'instants auparavant le froid se fît encore vivement sentir et que le thermomètre ne fût pas encore remonté à 0°, cependant les nuages des régions élevées, poussés vivement par un courant de la partie du S., envahissent l'horizon et commencent à donner de la pluie. En ce moment le vent du N. faiblit peu à peu; mais il a encore son action très-près de terre. Aussi l'eau qui tombe, arrivée près de la terre, reçoit l'influence de ce vent et celle du refroidissement terrestre : elle se congèle alors et prend la forme de particules glacées, qui recouvrent quelquefois le sol d'une couche assez épaisse. Si le vent du N. a cessé avant l'arrivée de la pluie, alors il n'y a point de verglas.

Le grésil se forme tout à fait à l'inverse de la grêle. Il en est de même pour la formation de la neige, c'est-à-dire que la neige est d'abord de la pluie; elle est saisie par le froid au moment où elle traverse l'atmosphère, et elle prend alors la forme qu'elle nous présente en arrivant à terre. La même chose a lieu pour le grésil. Enfin le grésil et la neige se forment en tombant à terre, tandis que la grêle se forme au contraire par l'aspiration ; en d'autres termes, en s'élevant des couches basses dans les couches les plus élevées.

La grêle, comme la neige, comme le grésil, tombe sous bien des apparences. La plus grande fréquence de la grêle a lieu depuis mai jusqu'à la fin de septembre.

Le vent est une agitation sensible de l'air qui transporte une partie de ce fluide d'un lieu dans un autre, avec une vitesse et une direction déterminées; d'où il suit qu'il y a autant de sortes de vents qu'il y a de degrés autour de l'horizon. Mais comme on a vu qu'il était impossible de le diviser en autant de fractions, la pratique, surtout en marine, s'est contentée de trente-deux rumbs de vent. Mais afin que le vulgaire comme le savant s'y reconnaisse parfaitement, nous nous sommes contenté de seize divisions, comme il suit : N., NNE., NE., ENE., E., ESE., SE., SSE., S., SSO., SO., OSO., O., ONO., NO., NNO.

Quoique le vent conserve toujours sa dénomination, cependant, d'après la manière dont il souffle, on lui donne différents noms en lui ajoutant un adjectif. Ainsi on dit un vent doux, un vent frais, un vent fort, rapide, violent, etc.

Il est donc facile de voir par ces différentes dénominations que la vitesse des vents, et par conséquent leur puissance, est très-inégale, depuis le doux zéphyr qui ride à peine la surface d'un lac tranquille, jusqu'à l'ouragan qui déracine les arbres et renverse les édifices.

Tout le monde sait que le vent est loin d'être toujours stable, c'est-à-dire ayant toujours une même direction. Il est au contraire souvent très-variable, puisque dans la même journée il peut parcourir plusieurs fois ce qu'on appelle la rose des vents. Cependant il n'est pas rare de le voir stationner dans une même direction un ou plusieurs jours de suite. Il peut même, selon les causes météoriques qui lui donnent naissance, persister et séjourner dans le même point ou dans des directions voisines des mois entiers. Ce serait bien alors un vent permanent. Il y a cependant des circonstances où le vent s'élève brusquement, c'est quand le temps est à grains; à chaque grain qui passe on est sûr d'avoir des *bourrasques;* et chaque coup de vent de cette espèce se nomme *rafale.*

Dans nos régions, le vent est très-variable, tandis qu'il paraît d'autant plus constant, qu'on se rapproche des tropiques vers l'équateur. De là vient qu'on a coutume de diviser les vents en *périodiques* et en *accidentels* ou *irréguliers*. Ceux qui sont les plus importants à connaître pour les marins sont les vents alizés, les moussons et les brises.

Il règne au-dessus des vents alizés des courants supérieurs qui leur sont très-souvent tout opposés, et ces vents alizés eux-mêmes sont sujets à d'assez fréquentes perturbations. Je n'ai pas oublié dans mes *Recherches sur les Météores* de traiter les différentes moussons soit de l'hémisphère boréal, soit de l'hémisphère austral.

Les brises sont des vents légers qui se font sentir sur les côtes et dans quelques vallées; elles n'ont lieu que par un beau temps. Aussi dans nos climats ne les sent-on que l'été, tandis que dans la zone torride on les a toute l'année. Les marins ont l'habitude de nommer la brise du matin *vent de mer*, et la brise du soir *vent de terre*. On désigne aussi sous le nom de *brise* les vents très-légers, qu'on appelle également *zéphyr*.

On dit généralement que la chaleur appartient aux vents qui viennent de la région S., comme aussi le froid appartient aux vents de la région N. Nous dirons pourquoi il y a des exceptions, comme aussi pourquoi les vents chauds n'amènent pas toujours de la pluie, de même que les vents froids n'amènent pas toujours des temps secs.

Outre les vents irréguliers, il y a les vents accidentels, qu'on nomme ainsi parce qu'ils n'ont pas la constance des vents alizés, des moussons et des brises. Cependant il est des contrées où certains vents prédominent : ceux du S. à l'O. sont les plus communs en France. Je passe ici toutes les hypothèses qu'on a faites sur l'origine des vents, cela serait trop long à raconter et sans profit pour le but que nous poursuivons.

L'impétuosité des vents est en raison directe des changements de pression qu'occasionne cette grande accumulation des vapeurs aqueuses dans l'air et leur chute vers la terre.

Les trombes, comme on le sait, diffèrent des ouragans en ce que l'air y ajoute un mouvement de translation, un mouvement gyratoire des plus rapides, qui est semblable à la rotation et à la translation d'une toupie.

Dans les trombes de mer, il doit y en avoir quelques-unes de semblables à de certaines trombes ou tourbillons qu'on voit, dans la campagne, par le plus beau temps du monde, surtout par les vents du S. au N. par l'E. Vous voyez ces trombes ou tourbillons transporter à des hauteurs considérables, dans leur mouvement de translation et de rotation continuel, des colonnes de poussière ou des brins de paille, de foin ou d'autres matières, quelquefois même des toiles à blanchir sur les prés. Ces tourbillons ou trombes ne sont rompus que par des obstacles plus puissants qu'eux.

Ce genre de trombes ou de tourbillons prend naissance à ras terre ou sur les ondes pour s'élever dans l'air, et les trombes orageuses ont leur base dans les nuages et leur sommet dans les airs.

Les vents doivent être divisés en vents supérieurs, en vents inférieurs, et même quelquefois en vents d'aspiration. Les vents supérieurs consistent dans la force qui transporte les cirrus, car ici nous ne nous élèverons pas davantage, d'une direction vers une autre. Les vents inférieurs sont ceux qui font mouvoir les nuages de la moyenne et basse région et la masse d'air qui s'appuie sur la terre.

Si les courants supérieurs, qu'on reconnaît par les cirrus, arrivent jusqu'à nous, ce n'est pas toujours directement. En effet, les vents nous arrivent plus ou moins vite suivant les obstacles qu'ils rencontrent dans leur traversée. Ces courants comme les autres sont plus ou moins calmes.

Si nous en voyons passer un en tempête à notre zénith, nous pensons avec raison que la contrée qui ressentira d'abord son effet sera celle où ce courant, en s'abaissant progressivement, aura enfin touché terre. Si c'est un courant du N. que nous voyons passer dans la zone des cirrus, nécessairement il ne descendra pas sur nous verticalement. Comme il est obligé de couper toutes les autres couches inférieures ou de leur imprimer son mouvement pour se faire sentir à terre, il opérera, bien entendu, plus ou moins obliquement; sa route sera plus ou moins allongée, suivant les obstacles qu'il aura rencontrés.

Si généralement nous voyons poindre les vents dès leur origine, c'est-à-dire du lieu où notre œil peut les saisir dans la couche des cirrus, cependant, comme ce fait peut avoir lieu à de grandes distances de nous, il nous échappe et nous voyons tout à coup, fait qui étonne les personnes qui ne connaissent pas tout le mécanisme de la marche des vents, surgir à terre un vent d'une direction quelconque qui est descendu par une marche plus ou moins oblique. Si sa force est grande, il continuera sa route. Et comme en descendant à terre il n'aura rien perdu des espaces qu'il occupait en amont, il refoulera devant lui tous les obstacles; et si c'est un vent du N., il réduira en vapeurs les plus légères et les plus ténues les nuages qui seraient des produits des courants du S.; comme aussi il pourra donner naissance à d'autres produits, suivant la direction à laquelle il appartiendra.

Dans une période d'orages amenés par les courants du S., il arrive bien souvent que nous voyons s'élever des courants assez semblables aux vents alizés venant de la région N.-N.-E. Ces courants ont une durée très-éphémère ; ils servent à transporter dans la zone occupée par la formation des orages tous les matériaux, si l'on peut s'exprimer ainsi, nécessaires à leur complet achèvement. Ces vapeurs aqueuses et autres sont attirées par les orages de contrées très-éloignées ; aussi on peut dire avec raison que ces sortes de vents ne sont que des vents d'aspiration, etc.

CHAPITRE V.

Électricité atmosphérique.

De l'électricité atmosphérique, des orages, de leur formation et de leurs effets.

Tous les physiciens qui se sont occupés de recherches sur l'électricité ont constaté que toutes les couches de l'air atmosphérique sont chargées d'électricité. C'est au moyen d'électroscopes qu'on est parvenu à s'en assurer; et par les électromètres à en mesurer l'intensité. On a reconnu que chaque jour l'électricité atteint deux maximums et deux minimums. Les maximums ont lieu quelques moments après le lever du soleil, et quelques instants après son coucher. L'un des minimums se montre en général vers 2 à 3 heures du soir; l'autre a lieu pendant la nuit. En hiver, l'électricité paraît plus intense que pendant l'été.

Lorsque le ciel est beau, l'électricité est toujours positive, tandis que par un ciel couvert l'électricité change souvent de signe dans le cours de la journée; sans doute parce que les nuages renferment les uns de l'électricité positive, les autres de l'électricité négative. Les variations électriques sont plus considérables en été qu'en hiver.

On trouve aussi le maximum en janvier et le minimum au mois de juin.

On sait que tous les corps imprégnés d'humidité deviennent de très-bons conducteurs ; il en est de même des nuages.

Nous avons montré dans nos *Recherches sur les Météores* qu'il ne fallait pas s'étonner si les variations électriques sont plus considérables en été qu'en hiver, et si l'on a trouvé le maximum en janvier et le minimum au mois de juin, et encore si les maximums ont lieu chaque jour après le lever du soleil et après son coucher.

Nous savons tous que des orages ont lieu dans tous les mois de l'année; mais ce que tout le monde ne sait pas, c'est ce que sont les lois météoriques qui les produisent. Pour qu'un orage ait lieu dans nos contrées, il faut, comme pour la pluie ordinaire, qu'il y ait des courants atmosphériques de l'E.-S.-E. à l'O.-N.-O., en passant par le S. Pour que tout soit complet, il faut bien entendu que les courants inférieurs et supérieurs soient dans les mêmes conditions, c'est-à-dire venant des mêmes directions. C'est donc tout juste la moitié de la circonférence azimutale qui peut amener des pluies ou des orages ou nous en préserver, suivant que les courants atmosphériques viennent de l'une ou l'autre direction comprise entre ces degrés.

En d'autres termes, un orage, quoiqu'il nous arrive quelquefois, mais très-rarement des directions comprises entre l'O.-N.-O. à l'E.-S.-E., en passant par le N., n'est jamais produit directement par l'influence de ces courants. En effet, ou il nous arrive au retour, ou l'orage a été produit par les matières qu'ont portées les directions opposées dans les régions avoisinant le N. ou dans le N. même.

Lorsque nous avons des orages dans la saison d'hiver, cela vient principalement de la prolongation des vents dans la partie du S. et dans les tempêtes qui durent quelquefois plusieurs jours, surtout lorsque le vent saute la nuit du S. à l'O.-N.-O, pour revenir vers le soir dans la région du S. Alors il n'est pas rare d'entendre des coups de tonnerre et de voir des éclairs pendant la durée de ces tempêtes.

Il y a encore d'autres circonstances où les orages se produisent : c'est quand, après que les courants atmosphériques ont fait un séjour assez prolongé dans le S., le vent va passer dans la région du N. Alors toutes les matières aqueuses ou autres amenées par le vent du S. se condensent en formant un ou plusieurs orages, qui donnent du grésil ou de la neige. Ces orages marchent généralement d'abord par un vent d'O.-S.-O., et finissent par être repoussés par le vent qui remonte au N.-O., N.-N.-O.

Au printemps, surtout dans le mois d'avril jusque dans le commencement de mai, il y a des orages venant des directions du S.-E. au S.-O. Puis d'autres ensuite par des vents de l'O.-S.-O. au N.-O. Cette période est la plus dangereuse; car on voit pendant tout ce temps depuis 10 heures du matin jusque vers le coucher du soleil, rarement au delà, le temps devenir orageux, et les orages sont accompagnés assez souvent de pluie, de grésil et de neige. Les bandes de nuages qui donnent les orages passent à peu près toutes les heures à notre zénith. Il fait très-froid par ces orages, et souvent il y a de la gelée blanche le matin. Ces orages sont très-dangereux, surtout au printemps, car, comme nous l'avons fait remarquer, si la perturbation qui nous renseigne sur la marche des courants atmosphériques a passé rapidement de la partie S. à l'O., puis dans la région N.-N.-O. à l'E., on est exposé à avoir dans nos climats d'assez fortes gelées, qui enlèvent toute espérance de récolte, principalement de fruits, de seigle et de vin. En automne, si le raisin n'a pas encore la maturité désirable, la vigne se dépouillant de ses feuilles, le vin n'est pas aussi bon qu'il aurait dû l'être. Ainsi, quand les choses se passent de cette manière, il n'y a souvent que des pertes à appréhender.

Nous voici arrivés à la partie la plus importante du phénomène, je veux dire à celle qui correspond à la dernière moitié du printemps et à la saison d'été. Ici nous allons procéder avec ordre et passer en revue toutes les transformations qu'éprouvent les orages et leurs divers produits.

Une période de beau temps vient d'avoir lieu; les perturbations et la résultante des étoiles filantes vous annoncent que vous allez entrer dans une longue suite d'orages qui tour à tour se feront sentir sur toute la surface du pays et des contrées environnantes. Les premiers orages que vous apercevez dans la zone de Paris se forment de l'E. au S. Ces orages sont isolés les uns des autres, sans avoir un vif mouvement de translation. En d'autres termes, ils donnent leurs produits dans les seules localités pour ainsi dire où ils se sont formés. Ces orages, dont souvent pour nous à Paris les sommets ne dépassent pas l'horizon de 10 à 12°, ne sont dangereux pour les pays qui les éprouvent que par quelques rayons isolés de grêle.

Voici comment les choses se passent. D'abord vous apercevez un petit point nuageux dans l'azur des cieux, sans qu'il s'y fasse voir le moindre cirrus; puis ce point augmente sensiblement, attirant toutes les vapeurs aqueuses et autres matières qui entrent dans la composition des orages. Quand il a pris des proportions plus grandioses, montrant ses anfractuosités plus ou moins remplies et la base de l'orage unie, le sommet des nuages plus ou moins élevé ou arrondi, les éclairs commencent à le sillonner; les coups de tonnerre se succèdent; la grêle d'abord, puis la pluie, commencent à tomber.

A côté de ce premier orage, il s'en forme un second, quelquefois un troisième. La grêle, qui a commencé à tomber du premier orage, continue à se produire de la même manière dans les parties successives des orages qui finissent par se rattacher au premier. Les désastres ne sont à craindre qu'autant que ces orages se seraient formés très-rapidement. Le premier orage, après un certain laps de temps, se trouve déjà épuisé, toute sa surface devient presque entièrement unie comme des nimbus, son sommet ressemble alors à un éventail bien tendu et il prend la forme de cirrus plus ou moins denses.

A côté de ces premiers orages, sur la même ligne, il s'en forme d'autres qui sont détachés, et qui présentent les mêmes caractères ; seulement, ces orages restent isolés les uns des autres sans se joindre entre eux. Ils s'épuisent presque au-dessus des localités où ils se sont formés. La nuit, tout rentre dans le calme pour recommencer pendant plusieurs jours de suite. Ils finissent par occuper une ligne d'action qui grandit à mesure que les résultantes et surtout les perturbations portent les courants atmosphériques dans la direction du S.-O.

Passons maintenant aux orages qui nous sont amenés par les courants du S.-E. au S.-O. Dans cette nouvelle période, les orages deviennent plus nombreux, et ce ne sont pas seulement les régions situées au S. qui les subissent, nous commençons à en avoir à notre tour, quoique nous soyons déjà plus au N.

Dès le matin, on voit souvent le ciel couvert de petits cumulus et les cirrus alors sont nombreux. Peu à peu ces signes précurseurs disparaissent et font place à des nuages isolés. On voit d'abord un amas de vapeurs légères qui devient de plus en plus dense et occupe un plus grand espace ; puis d'autres cumulus apparaissent en divers endroits, assez souvent du zénith à l'horizon. On voit alors les nuages orageux s'augmenter successivement par des vapeurs, qui en se condensant prennent, un peu au-dessus de la tête du nuage duquel elles vont bientôt faire partie, une forme curviligne. Ces portions de cercle formées par ces vapeurs sont bientôt envahies par le nuage orageux qui augmente de volume, et l'on voit pour ainsi dire à l'instant le point le plus saillant de ce nuage traverser cet amas de contours, se l'approprier, recommencer ensuite le même mouvement jusqu'à parfaite formation.

Ce genre d'orages indique qu'ils resteront presque tous isolés les uns des autres. Il y a quelquefois dans une journée plus de trente de ces orages en action. Ici ils ne viennent pas par bandes les uns après les autres comme dans les orages produits par les courants du S.-O. à l'O.-N.-O.

Les signes orageux dont nous venons de parler ou agglomérations de vapeurs condensées en formes plus ou moins curvilignes, se retrouvent assez nombreux lorsque les pluies doivent être abondantes; on les voit même se former et se déformer dans des espaces unis.

Il est très-curieux de voir l'origine d'un orage au moment où la grêle se forme, surtout si l'orage prend naissance dans la verticale. Cet amas de vapeurs que vous apercevez d'abord de la grosseur d'un nid d'oiseau et sans qu'il y ait le moindre cirrus, prend rapidement de l'extension; toutes les vapeurs qui sont au-dessus de lui, à ses côtés et même à des intervalles assez éloignés, deviennent visibles au moment où elles s'approchent de lui, comme s'il les attirait par une vive aspiration ; alors ce nuage prend un accroissement énorme en peu d'instants. En considérant attentivement, dans le silence le plus absolu, toutes ces évolutions vives et réitérées, vous n'êtes pas peu surpris d'entendre d'abord un bruit presque imperceptible ; puis ce bruit augmente de minute en minute, de seconde en seconde, jusqu'à devenir quelquefois semblable au bruit de plusieurs centaines de tambours. Il semble dans les premiers moments que vous voyiez, que vous entendiez cette eau produite par une immense quantité de vapeur se congeler en un instant, et prendre place dans l'intérieur du nuage orageux, en attendant qu'il la déverse sur la terre.

A peine le nuage orageux a-t-il acquis un certain développement, qu'un coup de tonnerre précédé d'un éclair se fait entendre. Deux minutes se sont à peine écoulées depuis le premier éclat du tonnerre, que le volume de l'orage est double, et qu'il a pris à sa base cette unité semblable aux nimbus, d'où s'échappent la foudre, la grêle et la pluie. — Malheur aux récoltes qui se trouveront sur le passage de cet orage ! Heureusement que l'action des orages de ce genre se borne à des espaces assez restreints, parce qu'ils se produisent ordinairement dans un temps assez calme, et qu'il n'y a pas, comme nous l'avons déjà dit, dans le moment de la formation de cet orage, la moindre trace de cirrus.

Nous passons maintenant à une autre espèce d'orages qui est la plus dangereuse de tous, parce qu'elle peut occasionner des désastres immenses sur une étendue de pays considérable. Ici ce ne sont plus des orages isolés ; ce sont des multitudes d'orages se reliant les uns aux autres, de manière qu'ils n'en forment plus qu'un seul; et qui peuvent agir à la fois sur toute la longueur ou la largeur de la France, suivant la ligne où ils ont pris naissance et suivant qu'ils obéissent à tel mouvement d'impulsion ou à tel autre.

Ces orages, qui embrassent une aussi grande étendue dans le ciel, sont beaucoup plus lents à se former, parce que les nuages orageux qui prennent successivement naissance les uns à côté des autres, ne peuvent, comme dans les orages isolés, s'assimiler les produits de nuages ou de vapeurs qui leur arrivent de tous côtés; attendu que les diverses parties de ce grand orage qui ne sont pas encore soudées entre elles, arrêtent au passage une partie de ces produits qui ne tardent pas à augmenter leur volume.

Enfin, cet orage immense a acquis tout son développement, soit du S.-E. au S.-O., soit du S. au N. par l'O. Il est excessivement rare que de pareils faits aient lieu du S. au N. par l'E., ou de l'O. à l'E. par le N.; car ordinairement les orages qui viennent de ces directions sont isolés, ou ils arrivent par des courants contraires qui s'opposent à leur marche première.

Une fois donc que l'orage entier a pris tout son développement, l'action, si je puis m'exprimer ainsi, la tempête s'engage sur le point qui a fini le premier tous ses préparatifs, puis elle gagne successivement toute l'étendue de ce vaste orage. Les éclairs, le tonnerre se suivent sans interruption; la grêle d'abord, ensuite des torrents de pluie. L'orage, tout en marchant, acquiert encore plus de volume, et occasionne de ces vents impétueux qui, s'ils ont une ressemblance avec les ouragans, n'en ont aucune avec les trombes. Ces vents doivent leur origine à l'immense déplacement des colonnes d'air causé par l'énorme condensation de vapeurs sur un même point.

Cet orage, pendant sa première période, répare à l'instant les forces qu'il perd en avançant, par l'arrivée incessante et subite de matières très-éloignées, qui tout à coup entrent dans le composé de l'orage, et lui fournissent une durée de plusieurs heures. On est bien heureux si l'on n'a à supporter que la largeur de l'orage ; mais si au contraire on doit le supporter dans toute sa longueur, on est exposé plusieurs fois aux mêmes pertes ou aux mêmes périls.

S'il est toujours curieux d'assister à la naissance des orages, il ne l'est pas moins d'assister à leur dissolution. En effet, au lieu de voir, comme dans l'origine, toutes les molécules de vapeurs de toutes sortes plus ou moins condensées accourir de tous les points de l'horizon pour pénétrer dans le sein de l'orage, et former ensuite les nuages qui approchent le plus de la terre et rendent le ciel si obscur, on voit, au contraire, des nuages très-légers se former des matières sortant alors de l'épaisseur de l'orage, s'en retourner au loin, se dissiper peu à peu pour faire place à d'autres, qui se dissolvent à leur tour. Une fois qu'un orage est arrivé à cette période de transformation, il n'est plus à craindre. Les éclairs, le bruit du tonnerre diminuent sensiblement, il ne reste plus qu'une pluie ordinaire jusqu'au moment où l'orage vous quitte, ou qu'il est dissous entièrement.

Les orages de l'automne rentrant à peu près dans la catégorie des orages du printemps, nous n'avons plus à nous occuper autrement de cette période.

Nous venons de passer en revue la manière dont se forment tous les orages isolés, ou n'en composant qu'un seul par leur réunion ; maintenant nous allons étudier les obstacles qui, rencontrés par eux dans leur parcours, les font dévier de leur route primitive, donnent naissance aux trombes qui causent d'énormes désastres, ou bien changent leur caractère de résultats positifs en résultats négatifs.

Un orage s'avance du S. au N. pendant un certain temps, sans que rien semble s'opposer à sa marche; le vent à terre est assez calme. Tout à coup, sans qu'on puisse le prévoir le moins du monde, l'orage rencontre un obstacle dans une de ses parties; à l'instant, on voit qu'une de ses ailes subit une rapide transformation ; toutes les matières qui la composaient se reportent sur le centre ou sur l'aile opposée. Tout cela a lieu en quelques minutes. On conçoit facilement que cette agglomération immense de vapeurs de toutes sortes, aqueuses et autres, venant peser de tout son poids sur cette partie de l'orage, doit y apporter une perturbation extrême; elle dure jusqu'au moment où tout cela a pu trouver à se classer convenablement. Dans cette circonstance il se forme sur ce point un tornado, tourbillon ou trombe, qui dure un certain espace de temps.

Pendant cette brusque transformation, les localités situées sous le périmètre de l'orage sont abîmées, les arbres, les maisons renversés, les récoltes hachées assez souvent par une grêle considérable, les vignes, les terres ravinées. Enfin tout est dans la confusion, et il ne resterait pas pierre sur pierre, si heureusement, une fois que le classement des nouvelles matières est terminé, l'orage ne reprenait une nouvelle direction qui lui est imposée par la force du vent descendu à terre.

Ce brusque changement de direction dans un orage a lieu par la rencontre d'un courant opposé qui descend des hautes régions pour arriver à terre. Les personnes qui sont habituées à observer les météores, même sans remonter jusqu'aux étoiles filantes, auraient pu remarquer, même avant l'orage, que les cirrus avaient, dès la veille, un mouvement de translation très-prononcé dans une direction tout opposée. Aussi la transformation dont nous venons de parler arrive-t-elle aussitôt que ce courant, signalé par les cirrus, atteint le sommet des nuages les plus élevés de l'orage et exerce ensuite son action sur toute son étendue. La dissolution des orages peut arriver également par des courants qui, descendant à terre plus ou moins obliquement, viennent des régions plus éloignées, et qui, prenant les orages en flanc, au moment où ils les rencontrent, parviennent plus facilement à les dissoudre et sont moins dangereux.

Mais que les orages viennent d'une direction ou d'une autre, cela n'importe pas quant aux résultats, qui sont toujours les mêmes.

Nous arrivons maintenant à un autre genre de perturbation. Les basses régions de l'atmosphère sont encore dans les conditions propres à former des orages, que déjà dans les hautes régions tout est changé. Aussi il arrive que plusieurs fois dans la même journée, il y a des nuages orageux qui prennent un certain volume, et des lignes de vapeur plus ou moins curvilignes se font remarquer. Malgré tous ces indices d'orage, il n'y en a pas. Pourquoi l'orage avorte-t-il? C'est qu'arrivé à moitié ou au quart de sa constitution, les courants placés au-dessus de lui, et qui le touchent de près, commencent à agir sur sa composition. Aussi vous voyez cet orage, de menaçant qu'il était, s'amoindrir petit à petit et se réduire à rien. Quelques coups de tonnerre et un peu de pluie, voilà tout ce qu'il produit. Des vapeurs que vous aperceviez quelques moments auparavant se condenser les unes sur les autres, s'étendent alors en couches très-légères; et l'orage perd ainsi son caractère primitif et disparaît.

Les orages qui, arrivant en retour de l'E. à l'O.N.O. par le N., sont formés des vapeurs qu'ont portées dans ces régions des courants du S. à l'O. régnant dans les hautes régions de l'atmosphère, ne dépassent jamais le soir. Quelques-uns de ces orages, lorsque le ciel est gris, ne sont visibles qu'au moment même où ils sont au-dessus de nous. Il en est autrement des orages formés et chassés par toutes les forces du S.-E. à l'O.; ils éclatent jusqu'à une heure assez avancée de la nuit; quelquefois même ils n'arrivent que vers le lever du soleil, et ils continuent par exception quelque temps après. C'est qu'alors ils ont franchi de grandes distances; car, en admettant, ce qui est vrai, que par une force ordinaire les orages parcourent en ligne droite 35 à 40 lieues, à peu près, en trois quarts d'heure, ou un peu plus de 13 lieues par quart d'heure, on trouve que, depuis le moment où ils ont commencé à se produire, la distance est bien de 500 à 600 lieues, parcourues en onze heures environ.

On sait que, dans une zone de la largeur de 20°

sous l'équateur, il tonne continuellement. Cette disposition orageuse a lieu aussi quelquefois dans nos climats, quand toutes les forces nécessaires à la constitution des orages sont constantes et qu'elles sont assez actives pour réparer les forces qu'elles perdent continuellement. Plusieurs fois, j'ai observé une succession d'orages durer nuit et jour pendant plus de vingt-quatre heures; j'ai même aussi quelquefois observé le tonnerre grondant sans interruption pendant plus de cinquante heures, soit au zénith, soit à une distance assez rapprochée pour que le bruit continuel me parvînt sans aucune difficulté. Dans ces circonstances, le baromètre oscille très-peu et il devient presque aussi immobile que sous l'équateur. Il sera donc bon de rechercher si la presque immobilité de la colonne mercurielle sous l'équateur n'est pas due à la constance des courants qui produisent cet état orageux permanent.

Dans mes *Recherches sur les Météores*, j'ai rapporté les observations et les opinions qui ont été émises sur la hauteur présumée des orages; j'ai fait remarquer qu'on s'était souvent mépris sur leur hauteur, parce qu'on n'avait pas réfléchi aux nuages qui, quoique faisant partie de l'orage, se trouvent dans les régions les plus basses. Aussi ici nous dirons seulement qu'il suffit d'admettre ce qui est vrai, pour la moyenne générale des hauteurs des orages, 4600 mètres pour vous donner un rayon visuel de près de 60 lieues. C'est ainsi que le cercle azimutal pour Paris passe à Bruxelles, Gand, Ostende, Douvres, Harfleur, la Hougue, Saint-Hilaire, près d'Angers, Saumur, Argentan, près de Moulins, près d'Autun, Dijon, Langres, Toul, Luxembourg et Namur. De Paris jusqu'à ces localités, on distingue les sommets des nuages orageux ; et la nuit, pour peu qu'ils soient élevés de 2 à 3° au-dessus de l'horizon, on voit leurs contours assez souvent sillonnés par les éclairs. Pendant un trajet de 120 lieues, vous avez pu examiner à loisir tous les produits et toutes les transformations d'un orage.

On peut évaluer à 9100 mètres au moins la hauteur des cirrus, et nous ferons remarquer ici que, si les orages se trouvaient formés dans la seule région des cirrus, le rayon visible des orages serait doublé; car, à peine un orage aurait atteint la hauteur de 6 à 7° au-dessus de l'horizon, que de Paris on verrait un orage au-dessus de Bordeaux et les éclairs sillonner toutes les têtes d'orages à pareille distance. Il n'en est pas ainsi; car, si dans certaines circonstances nous voyons qu'il pleut à des distances aussi grandes que Bordeaux, Rodez, Grenoble, le lac de Constance, jusqu'au près du cap Finistère, etc., il nous est cependant impossible d'y voir des éclairs ni par conséquent des orages. Seulement, par la densité des cirrus qui augmente sans cesse, nous voyons, et le fait l'a prouvé, qu'il fait mauvais temps dans ces régions.

Il arrive quelquefois que le temps orageux dure quinze jours, et même trois semaines, avec un vent assez calme dans les hautes régions. Ces orages marchent en sens contraire du vent qui règne à terre, et qui souffle alors du N.-N.-O. au N.-E. par le N. Pendant cette période, nous avons dans nos climats, comme sous la zone des orages et des pluies continuelles, nos vents alizés de terre, ainsi qu'ils règnent sur mer aux approches de l'équateur. Nous avons fait nos réflexions sur cette importante remarque dans nos *Recherches sur les Météores*.

Dans ce même ouvrage, nous avons rapporté des exemples d'orages en assez grand nombre, le tout tiré de nos propres observations, pour venir à l'appui de ce que nous avons avancé; nous n'y reviendrons pas ici.

Nous finirons ce chapitre par dire encore quelques mots sur l'électricité, afin de résumer notre pensée. Non, à mon avis, l'électricité ne forme ni ne dissout les orages; ils ne sont dus qu'à des courants atmosphériques qui, placés dans une certaine position, apportent tous les matériaux nécessaires à leur composition; comme d'autres courants, placés dans des conditions opposées, apportent avec eux ce qui est nécessaire à leur dissolution. Il est seulement ici bien évident que dans des masses de vapeurs d'eau, aussi énormes et aussi condensées qu'elles le sont dans un orage, les particules électriques entraînées avec toutes les vapeurs des régions éloignées et amassées aussi en grande quantité avec tout ce qui peut leur donner la vie, si je puis m'exprimer ainsi, agissent alors dans le sein de l'orage comme dans les piles que nous voyons tous les jours; et elles ne finissent leur action, comme dans celles-ci, que lorsque la force d'ensemble qui leur imprimait une action plus ou moins continue est disparue avec les causes qui l'avaient produite.

CHAPITRE VI.

Effets de l'électricité atmosphérique.

Tonnerre, éclairs et coups de foudre.

Dans le chapitre précédent, nous nous sommes occupé spécialement de la formation des orages, de leur dissolution et des perturbations qu'ils provoquent ou subissent pendant leur courte existence. Nous nous sommes aussi spécialement attaché aux terribles effets de la grêle et des trombes, dont nos habitations, nos récoltes et nos moissons ne se ressentent que trop. Maintenant, nous arrivons à la description d'effets non moins terribles et surtout très-souvent irréparables dans leurs conséquences, puisque la vie des hommes peut y être en jeu. Dans de pareilles circonstances, rien ne peut compenser le mal, et rien ne pouvait, en quelque sorte, le prévenir.

On entend par *tonnerre*, le bruit éclatant causé par l'explosion des nuées électriques.

On nomme *foudre*, le feu du ciel, la matière

électrique qui, lorsqu'elle s'échappe de la *nue*, produit une vive lumière et une violente détonation. Il résulte de l'observation des faits que le tonnerre se fait entendre de différentes manières, probablement suivant la disposition des nuages, suivant le parcours de l'éclair, et suivant les résistances qu'il a dû rencontrer. Quelquefois la durée du bruit est très-courte, tandis que d'autres fois, et principalement dans les roulements, il dure plus d'une minute.

Peut-on dire d'une manière exacte que l'orage est seulement à quelques mètres ou bien qu'il est à quelques centaines de mètres au-dessus de notre tête, d'après le temps que met le bruit du tonnerre à arriver jusqu'à nous? Non, on ne peut pas le dire, parce que le fait n'est pas exact. Ce qui est vrai, le voici! Le bruit du tonnerre arrive plus ou moins vite à nos oreilles, suivant que l'éclair, qui n'est que la foudre elle-même, approche plus ou moins de la terre ou la touche en traversant l'air qu'il frappe, comme un coup de fouet, de sa lanière si puissante et si terrible. Il en résulte qu'on ne peut vraiment prendre la distance qui sépare la vue de l'éclair et la production du bruit du tonnerre pour la hauteur présumée des orages dans l'atmosphère; aussi nous ne nous arrêterons pas plus longtemps sur ce sujet. Il y a des questions si simples, qu'il suffit de les poser pour les résoudre.

Ainsi, pour nous résumer en quelques mots, nous dirons : les éclairs ne sont que des coups de foudre qui, heureusement, ne parviennent pas toujours jusqu'aux objets terrestres. Le tonnerre qui, par son bruit éclatant, épouvante souvent plus que l'éclair, n'en est cependant que la suite.

Nous dirons en outre que les éclairs, tels que nos observations nous les ont toujours montrés, se divisent comme il suit :

Éclairs blancs;

Éclairs violacés;

Éclairs purpurins;

Éclairs roses;

Éclairs serpentants;

Éclairs en zigzags très-prononcés:

Éclairs en festons;

Éclairs se rejoignant d'un bout à l'autre de l'orage, aurait-il 200 lieues d'étendue, descendant à terre ou s'évanouissant auparavant;

Éclairs faisant l'effet d'un pilon dans un mortier;

Éclairs sillonnant toutes les sommités des orages et représentant parfaitement l'effet d'une illumination générale;

Éclairs s'échappant par les sommités de l'orage;

Eclairs ayant lieu dans l'intérieur de l'orage et simulant un fleuve de feu;

Éclairs ou mieux électricité s'échappant de l'orage en forme de jet continu;

Éclairs terminés en forme de flèches;

Éclairs terminés par une boule plus ou moins grosse;

Éclairs faisant uniquement l'effet de ce qu'on appelle, dans les feux d'artifice, des *pots à feu;*

Enfin, éclairs se bifurquant par un obstacle quelconque rencontré dans le trajet.

Les éclairs peuvent se faire voir dans une partie quelconque de l'orage, au sommet, à la base, au centre ou aux extrémités. Seulement l'éclair, qui est, comme nous l'avons dit, la foudre, ne peut frapper les objets terrestres que dans la verticale de l'orage, c'est-à-dire dans le milieu qui se trouve à la base de l'orage par où tombe la pluie ou la grêle, et qui s'élargit en proportion des dimensions de l'orage. En dehors de cette ligne verticale plus ou moins prolongée, jamais l'éclair ou la foudre ne peut atteindre la terre. Ce fait est très-important; aussi, dès que mes observations m'eurent fait connaître ce point capital pour la sûreté de l'observateur, je profitai de cette découverte pour examiner de plus près et à l'abri des effets de la foudre la manière dont tout le phénomène se passait. En d'autres termes, j'attendais, pour cesser mes observations en plein air, que ce milieu, que je viens de signaler, fût arrivé presque au zénith au-dessus de moi, et je les reprenais aussitôt que ce milieu avait dépassé le zénith de quelques degrés. De cette manière, j'acquis, sans autre danger que celui que tout le monde peut courir dans un appartement quelconque, une expérience peu commune et qui me met à même de donner les renseignements qui vont suivre.

Ainsi que nous l'avons déjà fait remarquer pour les orages isolés, il n'est pas nécessaire qu'il y ait des cirrus et que le nuage orageux soit très-considérable pour produire des éclairs, et par conséquent des coups de foudre. Après le premier coup de tonnerre, ce nuage prendra un accroissement considérable s'il est seul, ou bien, s'il est voisin d'un orage plus étendu, il cédera peu à peu à l'attraction de cet orage. Il se réduira en vapeurs très-légères pour aller faire partie de l'orage qui l'aura attiré à lui; ou bien si cet orage est assez proche, il se liera tout simplement à lui. Les cas dont nous venons de parler sont assez nombreux.

Nous dirons encore une fois que la dissolution de tous les nuages possibles a lieu de deux manières : ou par la pluie, ou par la désagrégation des matières, qui, devenant extrêmement ténues, vont reprendre dans les différentes couches de l'air la place qu'elles occupaient auparavant.

La couleur blanche est ordinairement celle de l'éclair. Cependant, suivant que l'éclair s'échappe plus ou moins librement du nuage orageux, ou que ce nuage réfléchit la lumière de différents côtés, la couleur de l'éclair devient plus ou moins rouge, rose ou violacée.

L'éclair produit par un orage venant du N.-O. est plus souvent rougeâtre que par d'autres directions; et la foudre qui vient de ce côté frappe plus souvent, proportion gardée, les objets terrestres que dans les orages venant directement du S. En effet, il est facile de remarquer que les éclairs et les coups de tonnerre étant plus nombreux dans les orages du S. que dans les orages du N.-O., la foudre frappe moins généralement. En d'autres termes, les coups de foudre par les orages méridionaux ne sont point en proportion des éclairs.

Dans la nuit, comme on le sait, les orages viennent du S.-S.-E. à l'O. La couleur des éclairs est plutôt blanche qu'autrement, et s'il y a exception, c'est dans l'apparition de certains éclairs qui simulent des rivières de feu; alors ils ont quelquefois une teinte un peu verdâtre. Ainsi le changement de couleur des éclairs dépend dans beaucoup de circonstances de la réflexion de la lumière en un point quelconque de l'orage.

Les éclairs serpentants sont à leur origine comme un globe de feu; puis ce globe s'allonge et l'éclair serpente rapidement en parcourant une assez grande étendue du nuage orageux. Si le mouvement s'opère directement, la foudre vient jusqu'à terre, tandis que, si l'éclair serpente dans la largeur et dans la longueur de l'orage, la foudre ne peut plus atteindre aucun objet sur la terre.

Quelquefois cette boule de feu, au lieu de s'allonger, se partage dès son début en plusieurs fractions qui produisent autant de petits serpenteaux; ces serpenteaux sillonnent plus ou moins l'orage, mais ne sont nullement dangereux.

Les éclairs en zigzag sont ordinairement moins dangereux que les éclairs serpentants; car on les voit moins souvent descendre jusqu'à terre, leur mouvement de va-et-vient s'opérant presque toujours sur les matières qui forment l'orage. Au contraire, les éclairs serpentants terminés par une boule ou par une flèche, frappent assez souvent plusieurs objets en sautant de l'un à l'autre très-vivement; mais il faut que tous ces objets soient peu éloignés les uns des autres.

Les éclairs qui parcourent les orages sous forme de festons sont bien autrement dangereux; ils parcourent des distances énormes, puisqu'il y a des orages qui ont en étendue plus de 100 lieues, comme il y en a aussi de 25 à 30 et même de plus petits. Ces éclairs, dans les orages qui ont le plus d'étendue, franchissent quelquefois des distances de 20 à 30 lieues.

Les éclairs en forme de festons dégénèrent toujours en coups de foudre; ils commencent assez souvent par la partie de l'orage qui a été la dernière à se former, c'est-à-dire en amont. Par la longueur de son parcours, cet éclair ou bien la foudre peut frapper du même coup plusieurs objets très-éloignés les uns des autres. On est vraiment effrayé, quand on pense que, sur une même ligne comprenant un espace aussi étendu, le même coup de foudre peut produire d'aussi grands désastres, d'aussi grands malheurs, puisqu'ici il peut tuer, là renverser, et plus loin incendier.

Nous ne pouvons nous occuper ici des diverses opinions sur les éclairs en boule et des effets qu'on en a déduits; nous allons seulement donner un simple aperçu sur ce genre d'éclairs.

Les éclairs qui produisent la véritable foudre en boule ont lieu de cette manière. De deux points opposés de l'orage, on voit deux éclairs paraître en même temps avec la rapidité qui leur est propre; ces éclairs se rejoignent en un point quelconque de l'orage; au moment du contact, la matière qui compose les deux éclairs se réunit, et c'est alors seulement que la foudre en boule, d'un calibre variant suivant le volume de la matière apportée d'aussi grandes distances, tombe, et arrive en droite ligne sur un objet quelconque placé à la surface de la terre, ou s'évanouit un peu auparavant en faisant explosion. Voilà, depuis plus d'un demi-siècle, comment j'ai vu toujours les faits se passer.

On comprend aisément qu'une aussi grande quantité d'électricité réunie, venant à tomber directement sur un point quelconque, ne soit pas soumise à l'action des paratonnerres et qu'elle écrase dans sa chute tous les objets, quelque grands qu'ils soient, qu'elle rencontre sur son passage.

Quoi qu'il en soit, jamais jusqu'à présent nous n'avons vu, pour notre part, les coups de foudre en boule tomber doucement ou se promener sur la terre. Si cela est véritablement arrivé, comme on l'a prétendu, ces cas ne rentrent nullement dans l'espèce de coup de foudre dont nous venons de parler; car au moment où la foudre quitte les nues pour descendre sur la terre, elle ressemble à une immense colonne de feu terminée par une boule.

Voici maintenant un tout autre genre d'éclairs ou coups de foudre en boule. Dans quelques orages on voit tout à coup paraître une assez forte quantité d'électricité réunie aussi en forme de boule et descendant à terre sous forme de colonne de feu ; ces éclairs ou coups de foudre font l'effet du mouton qu'on monte et qu'on lâche pour enfoncer un pieu. Cet effet de va-et-vient perpendiculaire se répète quelquefois jusqu'à cinq ou six fois de suite. Ce phénomène est très-curieux à observer.

Du reste, en passant, voici un exemple de ce genre de coup de foudre. La foudre tomba en pilon sur un mur d'une ferme, dans l'arrondissement de Châlons-sur-Marne, appartenant à un frère de M. Édouard Aubertin, ancien député du département de la Marne. Le mur fut tranché comme si on l'avait fait exprès, en plusieurs endroits différents, peu éloignés les uns des autres.

Il y a des éclairs qui s'échappent par le sommet des nuages orageux et qui parcourent tour à tour toutes les anfractuosités de ces nuages, représentant parfaitement, dans leur splendide trajet, tous les effets d'une brillante illumination. Ces éclairs ne sont pas plus dangereux qu'une autre espèce d'éclairs qui s'échappent aussi par le haut des orages, mais sans en parcourir tous les contours; car ni les uns ni les autres ne viennent jamais raser la terre, et jamais non plus ils ne laissent après eux aucun bruit du tonnerre, tandis que le contraire arrive pour tous les éclairs qui s'échappent par le bas des orages.

Rien de plus beau à admirer que les éclairs qui s'échappent d'un orage comme un jet de lumière continu vers la terre; on dirait une fontaine qui, au lieu d'eau, laisserait s'échapper du feu.

Tout le monde a remarqué que le bruit du tonnerre diffère souvent d'une manière bien sensible. Les orages apportés par les courants du S. rendent le bruit du tonnerre beaucoup plus grave et les roulements plus prolongés. Lorsque les coups sont dans toute leur force, les maisons en paraissent ébranlées. Il n'en est pas de même pour les orages apportés par les courants de l'O. ou du N.; les coups de tonnerre sont tout à fait différents : on dirait quelque corps qui se brise en éclats; ils ont aussi assez souvent le bruit de ferraille. La durée du bruit n'est jamais non plus aussi prolongée que dans les autres genres d'orages.

On voit un bon nombre d'éclairs qui simulent dans leur apparition des rivières de feu; ce phénomène a lieu lorsque les éclairs s'enflamment au sein des nuages mêmes sans se montrer au dehors. Les vapeurs aqueuses éclairées soudainement par cette lumière donnent naissance alors à ce beau phénomène, au travers duquel le ciel paraît s'entr'ouvrir. Les éclairs de ce genre sont aussi très-inoffensifs.

Certains éclairs prennent naissance au centre d'un nuage orageux. Ces éclairs brûlent pour ainsi dire sur place sans avoir presque aucun mouvement de translation. Aussi les avons-nous considérés comme des pièces d'artifice qu'on nomme *pots à feu*. Ces éclairs non plus ne font jamais de mal.

Il y a aussi des éclairs qui, comme les globes filants, se brisent en plusieurs fragments, sans doute par la rencontre d'un obstacle ou d'une attraction quelconque qui leur soutire une partie de la matière qui les compose. Seulement les fragments des globes filants s'éteignent après quelques degrés de course, tandis que les fragments des éclairs deviennent autant de nouveaux coups de foudre, qui, chacun isolément, peuvent faire autant de mal que le tout réuni.

Ainsi un de ces éclairs, soit attiré, soit repoussé par une cause quelconque, peut se briser en deux ou trois fragments et aller foudroyer des objets assez distants les uns des autres, quoique cette distance ne puisse, pour ce genre d'éclairs, entrer en comparaison avec les éclairs ou coups de foudre en feston.

Voici un exemple d'un coup de foudre se bifurquant :

Le 26 juin 1850, à $7^h 26^m$ du soir, un coup de foudre, arrivant en ligne directe, vint toucher le paratonnerre du pavillon de l'Horloge du Luxembourg donnant sur le jardin. Une partie seulement du fluide électrique attiré par le paratonnerre descendit autour de lui en forme de spirale, tandis que l'autre partie du fluide, qui s'était détachée de la masse, continua sa route pour se perdre ensuite dans l'air (*fig.* 7).

Fig. 7.

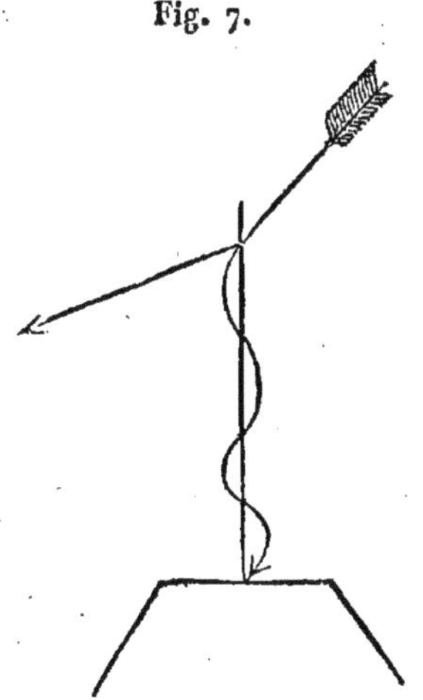

Durant ma longue carrière d'observation des

météores de tous genres, j'ai vu tomber, de près ou de loin, la foudre plus de mille fois. Dans mes *Recherches sur les Météores* j'ai donné seulement plusieurs exemples de coups de foudre. Ici ce que j'ai voulu seulement, c'est de montrer comment les choses se passent dans le sein des orages jusqu'au moment où la matière foudroyante arrive à terre. Ce que j'ai dit suffit pour qu'on puisse se faire une idée exacte de toutes les transformations de cet effrayant et redoutable phénomène.

CHAPITRE VII.

Généralités.

Dans les chapitres précédents, nous avons suivi à peu près la méthode employée dans tous les Traités de Météorologie. Nous avons laissé de côté la question de la déclinaison et de l'inclinaison de l'aiguille magnétique, parce que nous pensons, comme M. Regnault, que ce n'est point une question qui rentre dans les attributions de la météorologie; elle doit plutôt faire partie des observations astronomiques. En effet, n'est-ce pas aux astronomes de s'occuper spécialement des variations quotidiennes, petites ou grandes, qu'opère le mouvement diurne apparent des astres autour de la terre? L'étude de l'aiguille magnétique appartient sans nul doute à cette catégorie de variations minimes, puisque ses plus grandes perturbations ne s'élèvent qu'à des minutes, quelquefois à 1° dans les cas extraordinaires. Ce n'est donc nullement à la météorologie de s'en occuper; elle doit s'appliquer bien plutôt à observer d'autres changements qui sont tout autrement sensibles, puisque dans une journée les vents et les nuages parcourent quelquefois ce qu'on appelle la *rose des vents* ou le *cercle azimutal* de 360°.

Depuis que nous avons imprimé ces lignes dans nos *Recherches sur les Météores*, s'est-il passé quelques faits importants qui nous doivent faire changer d'avis? Examinons les faits, ce sera le seul moyen de voir ce qu'il nous reste à faire.

Deux savants se sont occupés principalement des perturbations magnétiques sous le rapport de la formation des orages ou changements de temps. L'un, le Père Secchi, à Rome, affirme que ces perturbations se manifestent déjà quand l'orage est éloigné et surtout qu'il occupe une grande étendue, et que l'influence magnétique est beaucoup plus puissante quand l'orage est au-dessus de l'observatoire, c'est-à-dire au zénith du lieu où l'on observe; que ces perturbations durent quelquefois des jours entiers, surtout après les grandes bourrasques.

De ces résultats le Père Secchi conclut que c'est par les perturbations magnétiques qu'on sera en mesure de prédire le temps à l'avance.

Un autre savant, M. A. Broun, critique les observations du Père Secchi et trouve que, quant à lui, ayant poursuivi pendant un laps de temps assez considérable le même genre de recherches, il déclare au Père Secchi qu'on ne peut rien tirer des moyennes qu'il a calculées de ses observations; que les résultats sont si peu concluants pour prévoir les changements atmosphériques, que ce n'est pas la peine de s'y arrêter.

Un troisième savant, M. Quetelet, le directeur de l'observatoire de Bruxelles, que tout le monde connaît, répond au Père Secchi, directeur de l'observatoire romain, qui lui faisait part du résultat de ses observations magnétiques, que pour lui, sans affirmer qu'on ne doive pas s'occuper de l'observation de ces phénomènes, il croit pouvoir assurer que c'est principalement en se livrant aux observations des étoiles filantes qu'on arrivera à faire marcher la météorologie de progrès en progrès. En effet, qu'on médite la Note du Père Secchi, la négation de M. A. Broun, on se rangera facilement à l'avis de M. Quetelet. Ce n'est pas de connaître le phénomène météorique au moment où il est formé, où il entre en action et après qu'il est sorti de vos localités, mais bien de connaître à l'avance, et dans une phase contraire, ce qui doit venir ensuite : c'est-à-dire si dans le beau temps se prépare la pluie, dans la pluie se prépare le beau temps; dans le calme la tempête, dans la tempête le calme; dans le froid la chaleur, et dans la chaleur le froid. Hors de là, le tout est si peu de chose, que ce n'est pas la peine de s'en occuper. Cependant pour ne rien négliger, quand nous posséderons tous les moyens d'exécution que nous réclamons, nous pourrons certainement nous occuper des phénomènes magnétiques, afin de connaître positivement tout ce qu'on en pourra tirer. Jusqu'à cette époque, qui, nous l'espérons, ne se fera pas trop attendre, nous nous bornerons aux observations d'étoiles filantes qui nous ont donné de si bons et si beaux résultats.

Nous avons passé légèrement sur les oscillations du baromètre et autres instruments météorologiques, parce que nous avons réservé ces questions pour la partie que nous allons traiter. Mais avant de les aborder, nous ferons quelques réflexions.

Dans la première partie de cet ouvrage, quoique avec bien moins de détails que nous l'aurions désiré, nous avons tâché de ne négliger aucun des phénomènes principaux qui regardent la météorologie et qui sont exposés fort au long dans tous les ouvrages météorologiques. En effet, rien n'a été oublié par nous, du moins à ce que nous croyons, depuis l'air atmosphérique qui touche la terre, jusqu'aux aurores boréales qui terminaient, comme on le supposait, la couche atmosphérique.

Tout en conservant dans cette partie de notre ouvrage le cadre tracé par les météorologistes anciens et modernes, nous avons pu cependant, à l'aide de nos observations personnelles, redresser les erreurs assez nombreuses où l'on était tombé. N'aurions-nous fait que cela, peut-être aurions-nous déjà le droit de dire que nous avons rendu un grand service à la science météorologique, puisque nous l'avons dégagée, ce nous semble, d'une foule d'entraves qui la gênaient.

Il nous reste maintenant une autre tâche à remplir bien autrement importante, puisqu'il s'agit d'expliquer les bases mêmes de la météorologie, c'est-à-dire d'expliquer les causes, autant que nous avons pu les saisir, qui produisent, qui engendrent, qui arrêtent et qui détruisent toutes les transformations atmosphériques, transformations qui, comme on le sait, donnent naissance à tous les produits météoriques.

J'ai montré dans mes *Recherches sur les Météores* que, malgré toutes les observations qu'on avait faites jusqu'aujourd'hui, soit avant la découverte du baromètre et du thermomètre, soit depuis, à l'aide même de tous les moyens puissants dont on dispose maintenant, on n'avait rien obtenu, ou à peu près. Pouvait-on obtenir dans cette voie quelque succès? Non, puisque l'attention des physiciens, des astronomes et des météorologistes ne s'est portée que dans des régions où nous savons qu'on ne peut saisir l'origine des variations atmosphériques. C'est que, comme je le répète d'après M. Biot, on a pris la météorologie par *en bas* au lieu de la prendre par *en haut*.

On a renouvelé le système de Lamarck, qui, lui, l'avait pris des anciennes Sociétés météorologiques préexistantes. On a la télégraphie électrique à ses ordres. Qu'a-t-on trouvé de plus? Quels services éminents a-t-on rendus? Ce qu'on a obtenu de toutes les nombreuses stations qu'on possède, se réduit à peu près à ceci. Ici il pleut, là il fait beau; ici le vent est à l'O., là il est à l'E.; ici il est au N., là au contraire il est au S.; ici il y a 6° de chaleur et là il y a 4° au-dessous de zéro. Ainsi de suite pour tous les autres renseignements qui sont toujours les mêmes à peu près, et toujours sans résultat.

Mais les causes qui ont produit tous ces faits, où sont-elles? Il faut bien le dire; quelque soin qu'on prenne pour enregistrer, fût-ce même tous les quarts d'heure, les oscillations thermométriques, barométriques et celles des autres instruments météorologiques et tous les changements de vents quelconques sur un espace immense ou limité, tout cela ne peut conduire au résultat tant désiré, c'est-à-dire, comme nous l'avons indiqué, à connaître à l'avance les causes qui engendrent les météores, les arrêtent et les détruisent.

La connaissance de toutes les observations météorologiques faites terre à terre, sur tous les points du globe, ne sera véritablement utile dans la pratique que lorsque les observateurs connaîtront parfaitement ce qui a pu donner lieu aux transformations météoriques.

Je suis heureux de me trouver de l'avis de M. Regnault, qui pense avec raison que les observatoires astronomiques et météoriques doivent être séparés les uns des autres et obéir à des directions différentes, puisque les moyens de recueillir les observations et la manière de les faire et même de les discuter diffèrent totalement.

Puisqu'il est avéré que, malgré toutes les études et toutes les recherches exécutées jusqu'aujourd'hui sur toutes les couches visibles de l'atmosphère, on n'a pu arriver à un progrès réel en météorologie, il faut bien alors que nous tentions un autre ordre d'idées et de faits, afin de démontrer par la discussion de ces faits les résultats positifs qui ont enfin créé la science des météores.

Nous étions loin de croire, quand nous commençâmes à observer, que l'apparition de la belle comète de 1811 allait enfin, non par elle-même, mais indirectement, révéler la véritable voie qui doit conduire à la découverte de tant de mystères ensevelis jusqu'ici dans les ténèbres les plus épaisses, quoique parfois la lueur de quelques éclairs les ait pour ainsi dire transpercés.

J'ai raconté dans mes *Recherches sur les Météores* comment, en observant diverses particularités qu'on m'avait signalées dans l'apparition de la comète, j'étais arrivé à observer les étoiles filantes; je n'y reviendrai pas ici.

N'y a-t-il pas lieu de s'étonner que ce soit précisément dans des régions qu'on croyait tout à fait privées d'air atmosphérique, que se rencontrent au contraire tous les signes précurseurs des divers produits météoriques? J'en fus bientôt convaincu par mes premières observations, que guidait le hasard au début, et qui devinrent peu à peu plus réfléchies et plus complètes. Une fois ces faits bien acquis, nous avons été certain que c'est toujours dans les hautes régions qu'il faut aller chercher les prévisions météoriques, et non dans les régions habitées par les nuages de toute espèce soumis à la pression, et par conséquent, on peut presque dire, à la disposition de ces hautes régions.

Nous n'avons pas l'intention de nous étendre longtemps sur la partie astronomique du phénomène des étoiles filantes; nous n'en donnerons qu'un aperçu très-sommaire, nous réservant de les reprendre une à une pour les discuter comme il convient de le faire, dans la partie de notre ouvrage qui leur sera spécialement consacrée. En attendant, nous allons ici nous occuper plus spécialement des lois physiques des météores filants.

Avant de passer à cet ordre d'idées, nous dirons de nouveau qu'il n'est personne qui ne sache en France que les vents qui nous viennent de l'E.-S.-E. à l'O.-N.-O. en passant par le S., sont plus ou moins humides; ces vents sont d'autant plus humides qu'ils approchent le S.-O.

Tout le monde sait également que les vents secs nous viennent de l'O.-N.-O. à l'E.-S.-E. en passant par le N.; ces vents sont d'autant plus secs qu'ils approchent du N.-E. Ceci est la loi générale pour nous, sauf les diverses nuances qui sont propres à la situation de divers départements. Ces vents influent aussi sur le baromètre comme sur le thermomètre, puisque les uns sont plus ou moins chauds, ou plus ou moins froids. Il y a là aussi des exceptions dont nous parlerons plus tard.

Ne semblerait-il pas que ces connaissances sont suffisantes pour être parfaitement renseignées sur la succession de tous les produits météoriques de quelque nature qu'ils soient? Non, cela ne suffit pas. Qui nous dira pourquoi le calme existe, pourquoi la tempête succède à ce calme? Qui nous renseignera à l'avance, ne serait-ce que de quelques heures, quand nous serons sous l'influence de ces transformations atmosphériques? Jusqu'à présent personne ne l'a pu. Cependant, est-ce qu'il n'est pas de l'intérêt général et même particulier de chercher à connaître par quels signes précurseurs on pourra y arriver? En effet, c'est là le désir non-seulement des savants qui s'efforcent d'atteindre à cette prévision dans l'intérêt de la science elle-même, mais c'est le désir bien plus grand encore des marins, des agriculteurs, des vignerons, des médecins, des soldats, des industriels eux-mêmes, etc.

N'est-ce pas ce désir si naturel qui a fait entreprendre tant de voyages sur tous les points du globe, dépenser tant d'argent, affronter tant de périls? et maintenant même qui fait établir tant de stations météorologiques? Eh bien, malgré tout cela, comme nous l'avons dit, on n'est arrivé à rien, parce qu'on a beau multiplier ces observatoires ou sémaphores si on veut, ce n'est toujours que de la météorologie prise par en *bas*.

En supposant même que par la coïncidence des quartiers de la lune on arrive à trouver quelques lois, est-ce que cela donnera des indices des tempêtes, des coups de vent, des ouragans, des gelées? Pas le moins du monde.

Nous avons donc accompli notre devoir en poursuivant la route dans laquelle nous sommes entré, ainsi qu'on le verra dans la discussion qui va suivre.

CHAPITRE VIII.

Étoiles filantes.

Questions diverses à résoudre, d'après les particularités que présente l'apparition des étoiles filantes, pour connaître à l'avance les variations atmosphériques dans la zone des étoiles filantes. — Sommaire de quelques lois astronomiques du phénomène. — Noms donnés aux météores filants, leur origine, particularités de leur apparition, et comment nous sommes arrivé à découvrir la véritable science météorologique.

Du moment que nous avons été convaincu que c'est dans l'apparition des étoiles filantes, et principalement dans les diverses particularités qu'offre le parcours de leurs trajectoires, que se trouvent les signes précurseurs de toutes les variations de l'atmosphère donnant naissance, comme tout le monde le sait, aux divers produits météoriques, nous avons dû poser soigneusement les diverses questions que nous aurions à résoudre suivant la manière dont ces étoiles nous apparaissent. Nous nous sommes donc demandé :

Est-ce par les étoiles filantes en elles-mêmes?

Est-ce par leur nombre?

Est-ce par leur couleur?

Est-ce par leur changement de direction?

Est-ce par leur grandeur apparente?

Est-ce par leurs traînées?

Est-ce par la vitesse plus ou moins grande du parcours de leurs trajectoires?

Est-ce enfin par les divers obstacles que leurs trajectoires paraissent quelquefois rencontrer, qu'il faut juger du phénomène et de ses conséquences?

Avant d'aborder toutes ces questions, il faut bien expliquer ce que signifie le mot de *zone des étoiles filantes*. Il est bien connu que l'atmosphère se divise, comme nous croyons l'avoir établi dans les premiers chapitres, en deux vastes régions, divisées à leur tour en un grand nombre de couches ayant chacune leurs attributions et leurs produits spéciaux, quoique, toutes à la fois, elles concourent à l'ensemble des produits météoriques.

La première région qui nous touche, on peut le dire, commence par conséquent à la terre, et finit aux dernières limites de la couche où apparaissent les aurores boréales. La deuxième région commence après la couche qui contient les aurores boréales et australes, et s'élève dans des espaces dont on ne peut au juste savoir le terme, puisqu'on ne connaît pas encore la limite extrême où cesse l'apparition des étoiles filantes. Tout ce que nous savons, c'est que le nombre des météores filants croît en sens inverse de leur grandeur, et qu'il est probable que s'il en existe de 15e et de 16e grandeur, comme il est constaté qu'il y en a de 12e grandeur, leur nombre doit être immense.

On sait maintenant que la force vient d'en haut; on peut donc se demander : A quelle extrême limite s'arrête-t-elle? C'est une question tout à fait insoluble pour le moment; car tout ce qu'on avancerait sur cet important sujet ne pourrait s'appuyer que sur des hypothèses plus ou moins hasardeuses. Aussi, pour le moment, nous bornerons-nous à rester dans les couches de cette région qui renferment les trois grandeurs des globes filants et les six grandeurs d'étoiles filantes, le tout visible à l'œil nu, remettant à une autre époque à nous occuper des couches supérieures.

Le nombre des globes filants croît comme celui des étoiles filantes en raison inverse de leur taille, et leurs trajectoires au contraire augmentent en longueur suivant leur distance la plus rapprochée de la terre. Leur nombre horaire croît aussi comme celui des étoiles filantes du soir au matin.

On trouve que la moyenne de la course des globes filants de la

1re grandeur est de..............	42°,4
Course moyenne de la 2e grandeur.	27°,9
Course moyenne de la 3e grandeur.	22°,7

Quant à leur nombre, si l'on admet 100 globes pour minuit, on trouvera

	Heure moyenne.	Nombre de globes.
De 6 à 10 heures.	8h du soir.....	71
De 10 à 2 »	minuit........	100
De 2 à 6 »	4h du matin....	158

La résultante des globes filants, comme la résultante des étoiles filantes, marche du soir au matin de l'E. sur l'O.

Les six grandeurs d'étoiles filantes sont assujetties aux mêmes lois que les globes filants; car si la moyenne générale des courses est pour la

1re grandeur	....	26° 2
2e	»	21,1
3e	»	17,0
4e	»	14,0
5e	»	11,1
6e	»	9,7

la moyenne générale des courses de toutes les

grandeurs d'étoiles filantes, y compris les globes, est de 13°,9.

J'ai représenté dans mes *Recherches sur les Météores* le résumé général des nombres horaires moyens des étoiles filantes pour le premier et le second semestre. Nous nous bornerons ici à dire, vu le cadre restreint de ce livre, que nous avons trouvé 5,2 étoiles filantes pour la moyenne générale de toutes les heures du premier semestre, en ayant ramené toutes les observations à un ciel serein pour minuit.

La moyenne générale, pour le second semestre, pour les nombres horaires est de 13,6 étoiles.

Si nous prenons l'année entière, sans y comprendre, comme nous l'avons fait dans le second semestre, les 9, 10, 11 août, nous trouvons pour nombre horaire les résultats suivants :

Année entière.

	Nombre horaire moyen.
De 5h à 6h du soir	7,2
De 6 à 7 »	6,5
De 7 à 8 »	7,0
De 8 à 9 »	6,3
De 9 à 10 »	7,9
De 10 à 11 »	8,0
De 11 à 12 »	9,5

	Nombre horaire moyen.
De 12h à 1h du matin	10,7
De 1 à 2 »	13,1
De 2 à 3 »	16,8
De 3 à 4 »	15,6
De 4 à 5 »	13,8
De 5 à 6 »	13,7
De 6 à 7 »	13,0

On trouve que la moyenne générale de toutes les heures de l'année, sans les 9, 10, 11 août, est de 10,6 étoiles.

Les 9, 10, 11 août ont donné en nombres horaires moyens les résultats ci-après :

	Nombre horaire moyen.
De 9h à 10h du soir	31,4
De 10 à 11 »	44,8
De 11 à 12 »	50,3
De 12 à 1 du matin	67,2
De 1 à 2 »	79,2
De 2 à 3 »	82,1

La moyenne générale de toutes les heures des 9, 10, 11 août a été de 59,2 étoiles.

Les observations étant impossibles dans la journée, si l'on veut connaître le nombre horaire moyen pour chaque heure de la journée, soit pour l'année entière ou les 9, 10, 11 août, on construit des courbes avec les nombres que nous venons de faire connaître et, en les achevant, on connaît aussi bien les nombres d'étoiles filantes qui paraissent dans la journée que si on les avait observées.

Nous regrettons de ne pouvoir donner de nouveau ici les détails de toutes ces observations, et la marche du phénomène tant pour les 9, 10, 11 août que pour l'année entière. Ainsi, on voit que le nombre horaire pour le maximum d'août a augmenté progressivement depuis 1800 jusqu'en 1848, et qu'il a diminué également progressivement depuis cette époque; mais il y a trois ans le phénomène a repris une marche ascendante, il sera important de connaître si cela continuera.

Pour l'année entière, nous avons montré la régularité du phénomène du 1er janvier au 31 décembre.

Cette grande apparition de novembre, qui est maintenant un véritable minimum, est-elle disparue pour toujours? Nul ne peut le dire; mais si elle revient, on peut affirmer qu'on le saura à l'avance, soit que le nombre horaire moyen augmente avec les années, soit qu'il augmente avec les jours qui le précèdent de plus près.

Toutes nos observations d'étoiles filantes ont cet avantage qu'elles ont toujours été faites par les mêmes observateurs ; aussi c'est ce qui fait que toutes ces observations sont comparables entre elles, et que les lois qu'on en déduit ont toute l'exactitude désirable : car les lois ne seraient-elles fondées que sur l'observation d'une moitié des météores, elles seraient encore applicables à la totalité. C'est ce qu'on exprime en disant que les rapports des choses observées sont indépendants du nombre de ces choses.

Maintenant nous allons rentrer dans le sujet qui doit principalement remplir ce volume.

A peine a-t-on commencé à observer les étoiles filantes, qu'on est bientôt porté à se demander : Qu'est-ce qu'une étoile filante? Pourquoi l'appeler *étoile filante, étoile tombante* ou *étoile mouchante?* De quelle matière est-elle composée? Nous ne voulons pas encore nous prononcer sur l'espèce de matière qui les forme, car nous avons déjà vu, non pas une fois, mais plusieurs fois, mes aides comme moi-même, le noyau d'une étoile fixe à travers une étoile filante de première grandeur. Si ce fait tend à se confirmer, comme je le crois, il en résultera que la matière qui donne naissance à un météore filant est diaphane. Ce ne seraient plus des astéroïdes, comme l'avaient proclamé certains astronomes : les étoiles filantes rentreraient au contraire dans le système terrestre adopté par les physiciens, les chimistes et les naturalistes.

Sans les étoiles filantes de couleur rouge, nous n'aurions jamais été conduit à cette découverte.

On les appelle aussi étoiles *tombantes*, parce que pour beaucoup de personnes, elles semblent descendre verticalement et tomber sur la terre. D'autres, principalement les Allemands, les ont appelées étoiles *mouchantes*, parce que, suivant leur explication assez étrange, c'étaient des matières que laissaient échapper les étoiles fixes par une sorte d'éternument. Dans nos *Recherches sur les Météores* nous avons fait connaître l'opinion attribuée aux mahométans sur les étoiles filantes, et aussi les raisons que nous avions pour persister à leur donner le nom d'étoiles filantes.

Les étoiles filantes en elles-mêmes ne donneraient à l'avance aucun indice des variations atmosphériques, si elles n'étaient accompagnées en même temps, dans le moment de leur apparition, d'un grand nombre de particularités que je vais essayer de décrire.

Les étoiles filantes apparaissent sous neuf grandeurs différentes, toutes visibles à l'œil nu. Elles affectent des directions différentes;

elles parcourent le ciel avec des courses inégales, tantôt rapides, tantôt, au contraire, très-lentes dans leur marche. Enfin, toutes ces particularités, prises ensemble et considérées sous un aspect général, auraient laissé longtemps la solution indécise, quoique la résultante de toutes les directions soit cependant très-intéressante et très-significative.

Le nombre des étoiles filantes, quoique connu d'une manière certaine, sauf les variations inattendues qui pourraient survenir, par une moyenne générale d'un grand nombre d'années, n'est cependant pas à dédaigner; il faut tenir compte surtout des obstacles qui s'opposent quelquefois à leur apparition, et qui par là diminuent leur nombre d'une manière assez sensible.

La couleur des étoiles filantes varie en bien des circonstances, et cette variation apporte aussi sa pierre à l'édifice que nous tâchons d'élever.

Les étoiles filantes sont répandues dans toutes les directions du ciel; cependant elles en affectent certaines parties plus spécialement en différents jours, en diverses années, détail qu'il est bien important de consigner avec soin.

La grandeur apparente de ces météores varie assez souvent en raison du plus ou du moins de transparence des couches atmosphériques qui sont interposées entre eux et nous. Ces variations nous offrent par conséquent des indices que nous ne devons pas ignorer.

Les traînées que laissent assez souvent après elles leurs trajectoires sont composées diversement, suivant la direction d'où elles nous viennent. Il importe donc également de ne pas négliger de prendre note de leurs différentes nuances.

Le plus ou moins de temps que les étoiles filantes mettent à parcourir un arc plus ou moins étendu, offre, dans certaines occasions, des notions absolument nécessaires à la connaissance des lois qu'on cherche.

A première vue, on devait croire que la trajectoire d'une étoile filante était toujours rectiligne. Cependant, comme en certains cas on en a vu de plus ou moins curvilignes et de serpentantes, il a bien fallu modifier cette opinion et surtout chercher quelles étaient les causes qui apportaient une aussi grande perturbation dans leur parcours direct à travers l'atmosphère.

Nous aurons encore à parler des étoiles filantes mouillées, nébuleuses et globuleuses, qui ont, elles aussi, une grande signification dans divers produits météoriques.

Dans nos *Recherches sur les Météores*, nous avons démontré que l'homme, qui avait, dans le ciel, marqués en traits de feu, les indices convenables pour connaître à l'avance tous les produits météoriques, était bien au-dessus de tous les animaux, dont l'instinct ne prévoit que quelques heures à l'avance les grandes perturbations de la nature; en d'autres termes, au moment où ils sont déjà soumis à leur influence. Combien notre intelligence est au-dessus de cet instinct! Ce qui va suivre nous prouvera, une fois de plus, que rien n'est supérieur à l'homme, que son intelligence a été développée de manière à satisfaire tous ses besoins, et qu'en fait d'instinct il n'y a rien qui l'égale.

Nous avons déjà parlé des vents qui nous apportaient l'humidité ou la sécheresse, la chaleur ou le froid, qui influaient sur la hausse ou la baisse du baromètre. Et nous avons dit que l'on avait remarqué également que, dans l'un comme dans l'autre cas, les choses ne se passent pas toujours avec une régularité immuable.

Je regrette de ne pouvoir reproduire encore ici l'historique de tous les chemins et les sentiers que j'ai vainement parcourus, pour parvenir enfin à la véritable voie qui devait me conduire au but tant cherché et tant désiré.

Un jour enfin, pour mieux dire une nuit, où je faisais mes observations habituelles, j'avais remarqué quelques belles étoiles filantes et parmi elles deux globes. Ces météores venant du S. et S.-O. avaient fourni une longue course : d'autres étoiles filantes encore s'étaient montrées; mais elles étaient très-ordinaires, et leur course à peine appréciable. Dans le moment où je faisais ces observations, le temps était très-beau et le baromètre très-élevé. Vingt-quatre heures après l'apparition de ces météores, le baromètre commença à baisser, pour descendre progressivement à son maximum de baisse après soixante-quatorze heures. Les vents, les vapeurs et les nuages passèrent successivement à l'E., S.-E., S., puis S.-S.-O., S.-O., où enfin le mouvement ou le changement de translation des diverses couches de nuages et du vent s'arrêta. Les orages et la pluie furent finalement le produit de ces divers changements accomplis dans l'atmosphère.

« Voilà donc enfin, me suis-je dit alors, la » région trouvée où il faut aller puiser les rensei- » gnements pour connaître à l'avance toutes les » transformations atmosphériques. Désormais je » n'y manquerai pas. » Je me tins parole.

Ce ne fut qu'en 1833 que je fus entièrement fixé sur la route à suivre pour trouver désormais les signes précurseurs de toutes les transformations atmosphériques.

Cependant, ce ne fut que le jour où je quittai les affaires agricoles et commerciales, et où je pus tenir un registre détaillé de mes observations, que commence seulement pour moi la quatrième période consacrée à l'observation des étoiles filantes.

Il est maintenant bien reconnu que, si l'on n'a remarqué aucune perturbation dans l'apparition des étoiles filantes, leur résultante sera suffisante pour renseigner sur le beau ou le mauvais temps, le froid ou la chaleur, la hausse ou la baisse du baromètre. Tandis qu'au contraire il est également bien avéré que, si l'on a remarqué des perturbations, il ne faut plus s'arrêter aux résultantes, mais bien à la nature des perturbations, qui deviennent alors les seuls indicateurs certains, et les véritables signes précurseurs de tous les produits météoriques. Seulement, si les signes perturbants sont d'accord avec les résultantes, vous avez les produits bien complets, tandis que, s'il y a divergence, les produits le sont moins et leur durée est également abrégée.

Là est toute la météorologie; partout ailleurs on ne trouvera, je crois, que déceptions sur déceptions, et l'on aura beau appuyer son système sur un amas considérable d'hypothèses plus ou moins habilement conçues et développées, on ne sera pas longtemps sans voir ce prétendu système anéanti. Je ne crains pas de dire que c'est à cause de l'ignorance où l'on était de ce point de départ, que, depuis bien des siècles, on n'a pu édifier solidement les lois météoriques, en rapport avec les besoins des sociétés humaines, malgré tant de travaux qui ont pourtant coûté bien des veilles, bien des sueurs, et, dans les temps modernes, bien de l'argent. Mais c'est au prix de toutes ces peines que Dieu permet aux hommes de savoir une partie de ses secrets et de les appliquer à leur avantage.

CHAPITRE IX.

Lois des Météores filants.

Des étoiles filantes considérées en elles-mêmes, et exposé des lois des météores.

Dans le sommaire de quelques lois astronomiques que nous avons donné au chapitre précédent, nous avons montré que les apparitions d'étoiles filantes étaient assujetties à des lois presque aussi invariables que celles qui régissent le soleil, la lune et les étoiles fixes. En effet, nous avons les maximums de février, d'avril, d'octobre et du commencement de décembre, qui sont invariables, et donnent, lorsque le temps leur est favorable, à peu près le même nombre horaire d'étoiles filantes.

On a vu qu'il n'en était pas de même du maximum d'août, où la grandeur de l'apparition semble varier avec les années, probablement aussi avec les siècles. Cette belle apparition de la nuit du 12 au 13 novembre, si célèbre en 1799, à Cumana suivant M. de Humboldt, et en 1833 suivant les Américains, elle est disparue sans que rien puisse encore en faire présager le retour.

Qu'ils sont loin les temps où l'on regardait ces météores filants comme des pierres lancées des volcans de la lune, comme un mystère impénétrable, comme des apparitions subites et irrégulières!

On sait maintenant, grâce aux progrès que nous avons fait faire en bien peu de temps à la science des météores filants, que chaque année, du 1er janvier au 31 décembre, il y a une moyenne générale de ces phénomènes, qui se trouve toujours d'accord avec les faits observés ultérieurement. On sait le moment où arrivent les maximums et les minimums, et surtout on sait leur grandeur. Que deviennent les opinions des savants, qui regardaient ces corps comme des satellites de la terre; lorsqu'on est maintenant certain qu'une fois ces corps brûlés, il ne reste plus qu'un résidu de matières qui finissent par faire partie de notre globe?

Lorsque le ciel est gris, le nombre des étoiles filantes diminue sensiblement, parce que cet état du ciel en dérobe à notre vue, et cette circonstance empêche de constater les signes précurseurs de ce qui va arriver. C'est comme un brouillard sec qui obscurcit le ciel et dont la durée est assez souvent de plusieurs jours et quelquefois même de plusieurs semaines. Cependant on sait maintenant que, dans les localités où ce gris du ciel cesse entièrement, soit près de nous, soit au loin, tous les nuages prennent un grand accroissement. Ce phénomène a lieu soit au N., soit au S., soit à l'E., soit à l'O.; et il fait alors de très-mauvais temps, soit en hiver, soit en été. Si le gris vient du N., c'est au S. que les nuages s'accroissent; si c'est de l'E., c'est à l'O.; si c'est de l'O., c'est à l'E.; etc.

Ce qu'il y a de singulier, c'est que le ciel le plus beau du monde ne nuit en rien à l'apparition des étoiles filantes dites *mouillées*, bien que je ne les aie nommées ainsi que parce qu'elles sont comme étouffées dans une masse d'eau, et que plus leur nombre est considérable, plus on est menacé de pluies abondantes. Il en est de même pour les étoiles filantes qui paraissent et disparaissent à l'instant sans degré appréciable de course; leur grand nombre est aussi surtout un indice certain de pluie. L'humidité de l'air est donc la seule cause qui nuit à leur combustion et les étouffe à l'instant même où elles se montrent. Ceci est encore une preuve de plus qu'elles ne sont pas dues à la matière électrique. Quant à l'humidité de l'air à des distances très-grandes dans les hauteurs les plus élevées de l'atmosphère, elle est attestée par les aéronautes qui ont trouvé dans leur ascension, à toutes les hauteurs, différents degrés d'humidité constatée par les hygromètres.

La couleur des étoiles filantes est le plus souvent blanche. Cependant il y en a de rouges, de bleues, couleur orangée, couleur verte, couleur cuivre rouge et cuivre jaune, d'autres encore qui sont comme voilées et que nous avons nommées *nébuleuses*. Il y en a aussi qui sont parfaitement sphériques et d'un rouge semblable aux billes de billard, que nous avons désignées sous le nom de *globuleuses*.

Les étoiles filantes ont cela de différent avec les météores que nous avons nommés *globes filants*, que, si une étoile est blanche, elle conserve cette couleur tout le long de sa course, dût-elle arriver à l'extrémité de l'horizon ; il en est de même pour les autres espèces. Elles ne se brisent pas non plus en fragments comme les globes filants; seulement, par l'effet d'une opposition à la continuation de leur marche, elles sont forcées quelquefois de simuler comme une explosion, ou plutôt une expansion. Aussi bien que les globes, elles commencent par une grandeur et finissent par une autre, selon qu'elles suivent plus ou moins obliquement des courants ascendants ou descendants dans les couches si nombreuses de l'atmosphère.

Une fois qu'on est bien familiarisé avec ces apparitions si diverses, on voit qu'il est plus que probable que la cause qui donne les différentes teintes aux météores filants, vient principalement de la composition de la couche atmosphérique où ils s'enflamment. C'est donc un signe qui nous vient d'en haut, et qui doit certainement nous être très-utile dans nos prévisions météoriques. En effet, les différentes nuances ont pour principe des circonstances atmosphériques qui sont l'annonce plus ou moins prochaine de vents plus ou moins violents, qui accompagneront les produits météoriques dont l'action va se faire sentir.

Les globes filants changent assez fréquemment de couleur en approchant de l'horizon; c'est un effet qui résulte simplement du plus ou moins de transparence de l'atmosphère. Les diverses nuances par lesquelles ces globes passent avant de disparaître annoncent également les diverses transformations des couches atmosphériques situées au-dessus des nuages les plus élevés.

Si les étoiles filantes suivent des lois régulières en ce qui regarde leur nombre, il n'en est pas de même en ce qui concerne leurs directions. Je m'explique, et je veux dire que les étoiles filantes, tout en ayant leur point de départ dans toutes les parties du ciel, affectent cependant une ou plusieurs directions pendant une année entière, variant bien en certains jours, mais revenant toujours, si l'on peut s'exprimer ainsi, à leur point de départ de prédilection.

Maintenant nous allons faire connaître quels indices peut recueillir des étoiles filantes la météorologie, ou, pour mieux dire, la météoronomie, puisque ici, ce me semble, ce sont bien les lois des météores que nous établissons en montrant toutes les inductions qu'on peut tirer des divers changements de leurs directions.

Si les étoiles filantes venaient, comme nous l'avons déjà dit, d'une seule direction ou de quelques-unes voisines les unes des autres, les produits météoriques se succéderaient suivant l'indication annoncée par elles. Il suffirait d'établir la *résultante* de chaque jour, surtout si toutes les grandeurs visibles suivaient les mêmes directions. Mais il n'en est pas ainsi. En effet, les étoiles filantes visibles à l'œil nu, que nous avons dû diviser en six grandeurs différentes, loin d'avoir toujours la même résultante, en ont quelquefois pour chaque grandeur une tout opposée. De plus, il existe assez souvent un courant qui vient perturber tantôt plusieurs de ces grandeurs, tantôt seulement l'une d'entre elles. Mais passons aux résultats.

Un travail de douze années, qui a été présenté à l'Académie des Sciences, nous a fait connaître que la résultante générale des étoiles filantes marchait du soir au matin de l'E. à l'O. Cet important résultat, trouvé pour un total de douze années, est-il constant, c'est-à-dire les années prises séparément n'offrent-elles aucune différence? Oui et non. Oui, en ce que finalement la résultante tend toujours à descendre plus ou moins du N. par le S. sur l'O. Non, en ce que si l'on prend le résultat pour chaque heure de la nuit et pour chaque année, on trouve les faits suivants :

1° Dans les années froides, la résultante, quoique arrivant le matin le plus près possible de l'O., subit dans la nuit l'action d'une force située dans le N., qui la fait approcher quelquefois assez près de cette région; puis elle redescend, remonte de nouveau et redescend encore. Quand il en est ainsi, et surtout quand la force perturbatrice marche à peu près dans le même sens, les années où cette coïncidence a lieu devront être très-froides en général. Mais le froid peut être mitigé dans les jours où les résultantes et les perturbations séjourneront le plus longtemps dans la région S., ou par le plus ou moins de force qui donne l'impulsion à leurs trajectoires. En effet, le froid peut être adouci encore, si la force qui fait mouvoir les étoiles filantes devient en de certains jours presque nulle. Ce calme des couches supérieures se communiquant aux inférieures, permet à la chaleur du soleil de pénétrer jusqu'à la terre presque sans obstacle; et il peut y avoir de 20 à 26° de chaleur. On sent très-bien que, dans de telles circonstances, la différence de chaleur des jours et des nuits est plus sensible que par les vents de la région du S.

2° Dans d'autres années, où au contraire la résultante affectera principalement la région de l'E.-S.-E. et S., l'année devrait être très-chaude, et il en sera toujours ainsi si la force perturbatrice oscille le plus souvent du S. à l'E.-N.-E., en passant par l'E.-S.-E. Mais si, au contraire, la force perturbatrice oscille constamment du S.-S.-E. au N.-N.-E., en passant par l'O., il arrivera que, dans les jours où elle séjournera le plus longtemps de l'O. au N.-N.-E., les journées seront froides et assez sèches, surtout si le vent est fort.

Si la force perturbatrice oscille souvent de l'O.

au S.-S.-E. en passant par le S., les journées de cette période seront remplies par des orages et des pluies assez fortes pour amoindrir les chaleurs qui arriveraient si cette force perturbatrice oscillait, ainsi que je l'ai déjà dit, du S. à l'E., en passant par le S.-E.

Toutes les autres positions de la résultante générale sont plus ou moins troublées dans leurs produits météoriques par le passage et le séjour plus ou mois prolongé de la perturbation à diverses directions.

Cette perturbation appartient exclusivement à un courant ou à une force quelconque qui se trouve dans l'atmosphère et imprime à ces divers produits une influence presque opposée à celle qui aurait dû résulter des sommes des directions des météores filants. Aussi, c'est cette perturbation qui exige impérieusement, quand on veut être bien renseigné sur tous les éléments nécessaires des transformations de l'atmosphère et les suivre pas à pas, qu'il y ait constamment quelqu'un en observation pour ne pas perdre un instant de vue les changements qui surviennent.

Nous regrettons de ne pouvoir ici reproduire encore les détails que nous avons déjà donnés sur la grandeur apparente des étoiles filantes, des étoiles mouillées, des traînées des étoiles filantes, de leurs différentes nuances suivant les directions d'où elles viennent; toutes ces remarques permettront sans aucun doute plus tard d'aborder la question de la composition de ces météores.

Nous avons également traité la question des trajectoires, qui ne se fait pas toujours dans les mêmes conditions. Ainsi, une étoile filante peut parcourir 30, 40, 50, 60°, comme aussi elle en parcourt quelquefois 100, 130 et même 160. Il en est de même pour toutes les étoiles filantes et les globes filants, de quelque grandeur qu'ils soient.

Si les étoiles filantes de toutes les tailles marchent avec une tranquillité générale, ou, en d'autres termes, avec une durée maximum, cela dénote une grande tranquillité des couches supérieures de l'atmosphère; et l'expérience nous a appris que ce calme observé dans les hautes régions continuerait sur la terre, si déjà nous en jouissions, ou que nous ne tarderions pas à l'éprouver, si nous avions un état contraire autour de nous.

Si les étoiles filantes ont au contraire une vitesse excessive et une durée minimum, nous sommes certains alors que la tranquillité de l'air dont nous jouissons va être troublée, et que nous allons passer à un état plus ou moins agité des couches atmosphériques qui nous avoisinent, et qui finalement nous touchent.

Nous avons vu que, sans les perturbations qui viennent changer une partie des produits météoriques, nous aurions, par la seule inspection de la résultante des diverses directions des étoiles filantes, les indices les plus certains des fluctuations de l'atmosphère; mais les faits ne se trouvant pas toujours absolument d'accord avec les résultats dont nous venons de parler, il a fallu observer bien longtemps avant de découvrir quel pouvait être l'obstacle invincible qui s'opposait à la réalisation complète des produits annoncés par les observations des étoiles filantes et des résultantes de leurs diverses directions.

Ce n'est pas que déjà, depuis longues années, nous n'eussions remarqué que la trajectoire des globes filants et des étoiles filantes n'était pas toujours rectiligne, mais bien quelquefois plus ou moins curviligne. D'autres trajectoires offraient des stations et des rétrogradations.

Dans les premiers temps, ces faits extraordinaires excitaient notre curiosité, et nous prenions un certain plaisir à les voir se renouveler. Il fallait du temps aussi pour se familiariser avec cette portion du mystérieux phénomène; car la durée de l'apparition d'une étoile filante est si courte, que nous étions exposé à nous tromper dans la description que nous en donnions. En voici un exemple. Lorsque nous avions vu un des météores perturbants finir dans la région du N. ou du S., de l'E. ou de l'O., nous disions : Ce météore a fini N., parce que nous l'avons vu terminer sa course dans la région N., tandis que, pour être vrai, nous devions dire que le météore avait commencé E. et avait fini S.; et de même pour les autres cas analogues des autres parties du ciel. Je m'explique. L'étoile filante, obéissant tout d'abord à une force de la région de l'E., avait rencontré dans son parcours une force de la région du S. plus puissante que la première et qui lui avait imprimé sa volonté, de sorte qu'on devait dire : L'étoile a commencé E. et fini S., puisque c'était bien la force du S. qui lui avait fait terminer son parcours.

Ce que nous venons de dire suffit pour montrer que les principaux signes précurseurs des produits météoriques nous furent longtemps cachés, et que ce ne fut qu'après de longs tâtonnements qu'ils nous apparurent, s'il nous est permis de nous exprimer ainsi, dans toute leur majesté et dans toute leur importance.

Malgré tous les moyens employés jusqu'aujourd'hui et malgré le nombre immense d'observations recueillies sur tous les points du globe, on est arrivé à si peu de progrès, que tous les savants les plus éminents sont convenus qu'on n'avait encore obtenu aucun indice, quelque faible qu'il soit, qui pût faire prévoir, même quelques heures à l'avance, les oscillations barométriques. On en est là, tout le monde en convient ; comme tout le monde sait aussi que, si on ne parvient pas à posséder un indice quelconque pour annoncer à l'avance la hausse ou la baisse du baromètre, il n'y a pas de météorologie possible.

Voyons quant à nous en quoi nous avons pu faire avancer la science des météores. Nous avons démontré, par une longue série d'observations, quelle était la moyenne générale horaire, à minuit, du nombre des étoiles filantes pour chaque jour de l'année, leur maximum et leur minimum. Tout ce qu'on avait mis sur le compte du hasard et de l'imprévu, était au contraire soumis à des lois fixes et pour ainsi dire invariables, puisque, s'il survient des changements dans l'apparition des étoiles filantes et que le nombre augmente ou diminue, on en a toujours à l'avance des indices assurés.

Nous avons montré encore que, si les résultantes des directions des étoiles filantes n'étaient pas troublées par une force longtemps inconnue, les produits météoriques suivraient toujours les indices que ces résultantes nous donnent.

Ce n'est donc qu'après de bien longues observations, que je suis parvenu à découvrir quel pouvait être l'obstacle invincible qui s'opposait à la réalisation complète des produits annoncés par les résultantes des étoiles filantes.

Nous avons dû nous demander quelle était cette force qui venait paralyser ou changer les résultats attendus. Après l'enquête la plus sérieuse et la plus attentive que nous ayons pu faire, nous avons trouvé les résultats suivants, qui nous ont enfin permis de traduire en formules positives la science météorique tout aussi bien qu'on traduit la science des nombres. En effet, l'apparition de chaque signe dans le ciel des étoiles filantes devient un nombre, et ces nombres réunis donnent le résultat cherché.

Les premières observations nous ont montré que la puissance qui faisait mouvoir les étoiles filantes venait de la région du S.; par conséquent, si leur résultante n'est pas contrariée par d'autres forces, les vents, les nuages et les produits météoriques seront semblables à ceux que nous donnent ordinairement les directions des couches atmosphériques. Mais au même instant où nous notions sur notre registre ces observations, se passait un autre fait non moins remarquable dont il faut tenir le plus grand compte. Par exemple, une étoile filante commence à venir du S.; après quelques degrés de course, vous voyez ce météore qui, au lieu de continuer sa route directement, se termine tout à coup comme s'il venait du N. Au contraire, une autre étoile filante, qui venait de la direction S.-E., après quelques degrés de course, finit comme si elle venait du N.-E. (*fig.* 8).

Fig. 8.

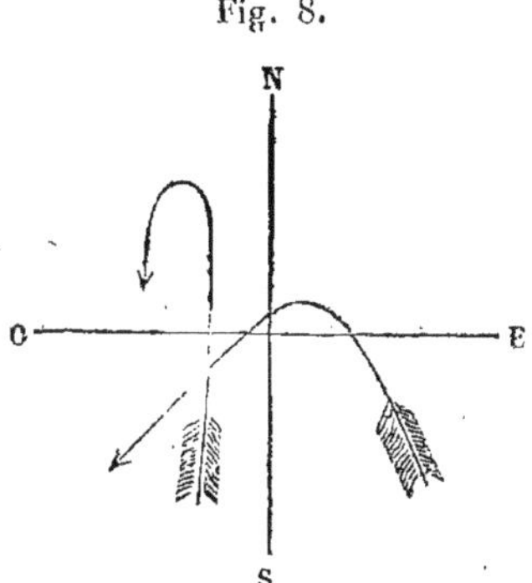

Voilà deux faits tout à fait en opposition avec les premières observations. Que devra-t-on conclure de cette anomalie ? Si les premiers faits observés nous ont montré une puissance venant de la région du S., les seconds, au contraire, nous révèlent une puissance plus grande, puisqu'elle imprime une direction arbitraire aux météores en les pliant à sa volonté et en leur faisant suivre une direction toute contraire.

Ainsi, au lieu que les nuages et les vents se soient trouvés comme l'indiquaient les premiers faits observés du troisième au quatrième jour dans la région du S., et que le baromètre ait baissé suivant l'impulsion donnée par les premiers, c'est tout le contraire qui est arrivé. C'est-à-dire que, du troisième au quatrième jour, les nuages, le vent et les autres produits météoriques ont été presque semblables aux produits que nous donnent les directions du N.

Le baromètre, au lieu de descendre comme cela serait arrivé sans l'apparition des signes perturbants, avait au contraire commencé à remonter trente-six heures après l'apparition du premier de ces signes. Il a été à son maximum de hausse du troisième au quatrième jour, et les vents et les nuages ont passé dans la région du N.

En admettant que ces faits se rapportent à la saison d'hiver, le froid n'est jamais aussi intense, l'atmosphère se trouve dans ce cas très-probablement réchauffée par les produits des étoiles venant du S. Si au contraire les résultantes des étoiles et de leurs perturbations sont d'accord, il y aurait eu un froid très-vif.

Voici un autre cas. La résultante des étoiles

filantes se trouvait au N.-E., et cela depuis plusieurs jours; aussi le temps était beau et le baromètre très-élevé; mais une nuit, pendant les observations, paraît une étoile filante venant du N.-N.-E. Ce météore, au lieu de suivre vivement sa route, vacille et serpente pendant tout son parcours. Une autre étoile venant du N. rencontre dans sa route une force qui la lui fait terminer comme si elle venait du S.-O. Une autre parut de l'E. et finit aussi S.-O. (*fig.* 9).

Fig. 9.

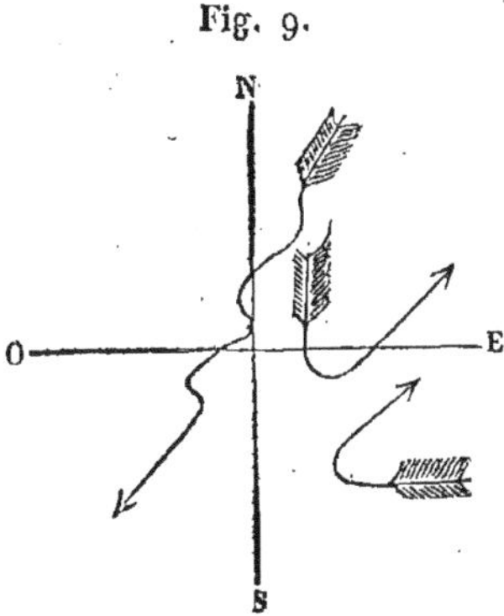

De ces faits observés il résulte que la force perturbatrice ayant été plus puissante que les résultantes des étoiles filantes, le temps, qui était au beau, n'a pu y rester; le baromètre, qui était à son maximum de hausse, n'a pu y demeurer non plus. Aussi le baromètre, trente-six heures après l'apparition de ces signes, a commencé à baisser pour arriver doucement à son maximum de baisse du troisième au quatrième jour; la pluie arrivera, les nuages et le vent passeront dans la partie du ciel indiquée à l'avance par la force perturbatrice, c'est-à-dire entre le S. et le S.-O.

Si le beau temps ou la pluie doivent durer, les signes qui les produisent continuent. Si, au contraire, ce sont des produits incertains, oscillant sans cesse du beau temps à la pluie, tout cela se voit également par l'oscillation constante des signes qui annoncent leur venue.

Si au contraire la force perturbatrice n'oscille que faiblement, c'est-à-dire ne dérange que très-peu les étoiles filantes de leur marche rectiligne

Fig. 10.

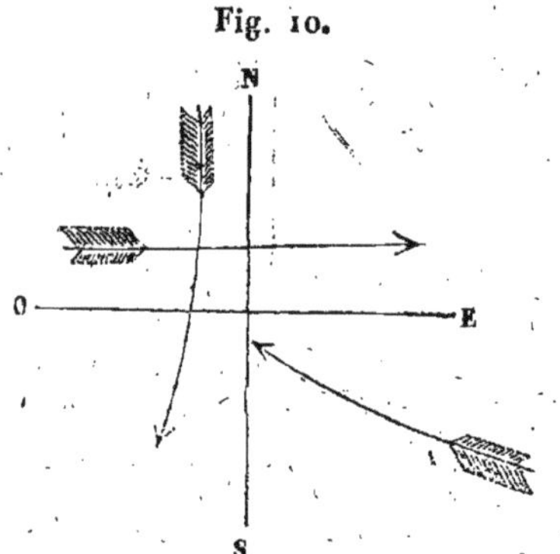

(*fig.* 10), les nuages et le vent ne seront point déviés de leur direction. Le baromètre seulement montrera que cette force agit sur lui, et un peu de pluie ou un peu de beau temps nous arrivera sans que la force perturbatrice ait été suffisante pour opérer un changement radical de toutes les couches atmosphériques.

La science des météores, comme on le voit, est bien simple et ne ressemble en rien à la science météorologique enseignée jusqu'ici dans les traités de météorologie et de physique, et dont les résultats se réduisent, comme on le sait, à rien en ce qui concerne l'utilité pratique.

Dans la science des météores telle que nos longues et persévérantes observations l'ont créée, on voit que cette force, qui imprime sa volonté à tout ce qui nous entoure, à tout ce que nous apercevons jusqu'aux dernières limites de l'atmosphère, se révèle par des signes qui lui sont propres. Il ne faut que savoir les observer pour les reconnaître et surtout pour s'en servir, non-seulement dans un intérêt scientifique, mais encore dans un intérêt social, puisque les résultats que cette nouvelle science nous apporte touchent à tout ce qui peut matériellement intéresser l'homme et les détails de sa vie extérieure.

Cette puissance se manifeste depuis les globes filants jusqu'aux étoiles filantes de la 6e grandeur, visibles aussi à l'œil nu. Il est plus que probable que ses effets se font sentir même sur les météores télescopiques. Elle réside donc dans les couches les plus élevées de l'atmosphère, et elle exerce son influence partout où elle pénètre depuis le haut jusqu'au bas. Il résulterait de là que la résistance des couches inférieures ne peut en rien entraver cette puissance de premier ordre. Cette force réside donc en *haut* et non en *bas;* ici le doute ne peut être permis, les exemples sont trop frappants et trop nombreux pour qu'on ne soit pas convaincu de ce que nous disons.

On sait, en outre, ainsi que nous l'avons déjà démontré, que si, le 1er mai de chaque année, on additionne les sommes des étoiles filantes pour chaque direction et qu'on les projette sur une courbe polaire, on voit à l'instant dans quelle région du ciel se produira la plus grande quantité d'étoiles filantes pendant l'année entière. En d'autres termes, la quantité d'étoiles filantes, quoique triplant en moyenne pour les mois d'été et d'hiver, ne dérange presque pas la résultante générale des quatre premiers mois de l'année, où le nombre moyen horaire des étoiles filantes est trois fois moins grand. Il ne faut pas oublier que la courbe et la résultante des diverses directions pour chaque année diffèrent assez souvent de l'année précédente.

Nous avons voulu, par les figures qu'on trouve

à la fin de cet ouvrage, montrer par l'inspection des courbes des étoiles filantes et de leurs perturbations pour l'année entière, la différence qui existe entre les années sèches et humides, plus chaudes ou plus froides, suivant la position affectée par les différentes résultantes. Ainsi, on voit tout de suite pourquoi les années 1857, 1858 ont été sèches, et pourquoi au contraire l'année 1860 a été humide : ainsi de suite pour les autres années.

Il résulte de l'examen de ces courbes et des précédentes que nous avons déjà fait connaître, que, prenant en considération ces deux forces, on trouve le résultat général météorique de l'année entière, c'est-à-dire que les différentes positions des résultantes qui ont donné le total pour former ces courbes, se retrouveront, à très-peu de chose près, pour le restant de l'année. Et comme on connaît par l'expérience leurs différents produits météoriques, on peut donc prévoir, avec la plus grande probabilité possible, ce que sera à peu de chose près le résultat général météorique de l'année entière.

Il est bien entendu que les perturbations réparties bien uniformément pendant les quatre mois valent beaucoup mieux et ont une plus grande valeur que lorsqu'elles sont réparties sur un plus petit nombre de jours. Aussi demanderons-nous avec instance les stations supplémentaires qui nous donneront les plus grands nombres possibles; car on sait que plus les nombres sont grands, plus on peut se prononcer avec certitude.

Nous aurions désiré donner ici, comme nous l'avons déjà fait ailleurs, plus de détails sur les divers produits météoriques appartenant aux diverses perturbations. Ici nous nous bornerons à dire que, si les deux résultantes convergent autour du S., la chaleur sera étouffante en été, comme aussi il fera très-froid si l'hiver ces deux forces convergent autour du N. Car, dans l'un comme dans l'autre cas, rien ne viendra tempérer ni l'un ni l'autre de ces produits météoriques. Il en sera de même pour les points intermédiaires de ces directions fondamentales N. et S.

Lorsque le changement de l'état du ciel doit arriver seulement dans quatre jours, nous ne pouvons en voir le premier signal que de deux manières, ou par une étoile filante plus ou moins perturbée, ou bien par la résultante générale des étoiles filantes non perturbées. Nous sommes donc privés de cette ressource si le ciel persiste à rester couvert. Pour parer à cet inconvénient, il faut l'établissement des quatre observatoires auxiliaires que nous réclamons de toutes nos forces dans l'intérêt public; puisque si le ciel est couvert d'un côté, on a presque la certitude qu'on obtiendra les renseignements nécessaires d'un autre. Sans cette ressource indispensable, il nous reste seulement alors l'oscillation barométrique, puis, à la première éclaircie du ciel, on voit par les étoiles mouillées si la pluie est proche. On sait maintenant, ainsi que nous l'avons déjà dit, que plus le nombre de ces étoiles est considérable, plus la pluie deviendra abondante.

Si la période de mauvais temps qu'on va subir doit être entremêlée de calme ou de vents plus ou moins violents, on aura remarqué dans l'apparition des étoiles filantes que leur mouvement de translation dans l'espace était extrêmement rapide ou très-calme. Si leur course est très-rapide et que vous en ayez remarqué parmi elles plusieurs de couleur *rouge*, d'autres de couleur *cuivre jaune*, de couleur *bleue* et *verte*, d'autres de forme *globuleuse* ou de *nébuleuses*, tous ces signes précurseurs réunis vous donnent la certitude que des vents très-forts et violents vont succéder au calme dont vous jouissez, et qu'ils s'étendront sur une plus grande surface du globe, suivant que les étoiles globuleuses et nébuleuses auront eu une trajectoire plus étendue. Effectivement, si les vents et les tempêtes ne doivent régner que sur un petit espace de la terre, la course de ces étoiles, au lieu d'avoir quelquefois 100° et même plus, car on en a vu de 160°, n'en aura que de 15 à 40. Le temps doit-il au contraire être calme, le mouvement des étoiles filantes est très-lent.

C'est vers la fin de décembre de chaque année ou vers le commencement de janvier que les résultantes des étoiles filantes et de leurs perturbations changent de position azimutale, ou qu'elles persistent dans l'état où elles étaient précédemment.

D'après les indices que nous venons d'énoncer, il est très-facile de prévoir à l'avance les divers changements qui s'opèrent dans les couches élevées de l'atmosphère, et ce sont ces changements qui nous donnent tous les produits météoriques que nous éprouvons, le calme ou la tempête, le froid ou la chaleur, la pluie ou le beau temps, et, par suite, pour les produits agricoles, l'abondance ou la disette, et, pour les personnes, la santé et les maladies.

CHAPITRE X.

Résultats des observations.

De la différence entre les années et les mois. — Quelques exemples tirés des observations.

Les meilleures années sont celles où la grande majorité des étoiles filantes est portée à osciller souvent du N. au S.-E., en descendant par l'E., depuis janvier jusqu'à mars; l'hiver sera normal, c'est-à-dire que le froid et la gelée dureront pendant cette période. Il neigera ou pleuvra seulement pendant les quelques jours que la résultante aura descendu vers l'O. ou vers le S. On comprend aisément que, pour que cela soit ainsi, il faut nécessairement que le courant ou la force qui réside dans l'atmosphère et qui amène les perturbations des étoiles filantes, reste à peu près fixée dans les mêmes directions azimutales que la résultante des étoiles filantes elles-mêmes.

Si du mois d'avril jusque dans le courant de juin les résultantes ont oscillé le plus souvent du S.-E. à l'O., O.-N.-O., la pluie accompagnera la chaleur, et la récolte sera d'autant plus abondante, que les plantes n'auront pas souffert dans leur développement et que la maturité sera arrivée à point.

Si de la fin de juin à la fin de septembre les résultantes ont oscillé presque constamment du S. par l'E. en approchant le plus près possible du N., N.-N.-O., il en résultera que la sécheresse sera tempérée par quelques pluies dues aux révolutions azimutales des résultantes. La récolte des céréales et autres, qui avait été assurée tout d'abord par un temps des plus favorables, sera rentrée dans les meilleures conditions, et elle sera remarquable par sa qualité.

Si du mois d'octobre au mois de décembre la résultante et la force perturbatrice ont oscillé le plus souvent du S.-E. par le S. à l'O., la saison sera d'autant plus humide, qu'elles approcheront le plus constamment de l'O. Quand on a le bonheur que les choses se passent ainsi, on a une bonne année, du moins pour nos climats.

Dans d'autres années il arrive que, quelle que soit la position dominante de la résultante générale des directions dans le ciel, si la force perturbatrice oscille sans cesse, ou est souvent placée dans des directions tout opposées à la résultante générale et quotidienne, alors les produits météoriques sont non-seulement en désaccord avec les indices de la résultante, mais encore ils deviennent si variables, que rien n'arrive en sa saison et que les produits agricoles, ayant constamment souffert, seront médiocres.

Nous aurions désiré nous étendre davantage sur toutes les particularités qui amènent les mauvaises et les médiocres années, et sur toutes les précautions que devraient prendre les cultivateurs pour sauvegarder leurs récoltes; l'espace ne nous permet pas, à notre grand regret, de satisfaire à ce désir.

En résumé, nous savons maintenant que la cause de tous les produits météoriques auxquels nous sommes soumis se trouve bien évidemment dans les hautes régions de l'atmosphère. C'est donc seulement de l'examen attentif et persévérant de ces régions, qu'on tirera tout ce qui peut contribuer au perfectionnement et à l'extension des découvertes déjà obtenues.

Nous aurions voulu consacrer un chapitre tout entier aux quelques exemples tirés des observations. Nous sommes bien forcé de nous restreindre, car ce qu'il importerait de posséder en entier, ce serait la publication complète de toutes les observations non-seulement des météores filants, mais de tous les autres météores; car, nous le répétons de nouveau, imprimer les seules observations d'étoiles filantes ne conduirait à rien.

Comme maintenant, après ce que nous avons déjà mis sous les yeux de nos lecteurs, ils savent aussi bien que nous comment s'obtiennent tous les renseignements qui se rattachent à l'origine des produits météoriques, nous allons, autant que l'espace nous le permet, donner quelques exemples tirés de nos observations.

On sait que, lorsque les vents ne rencontrent nulle opposition dans leur parcours, ils peuvent franchir dans une même journée des distances immenses; il suffit de consulter les journaux de nos marins pour en être convaincu. Comme aussi on sait également que, par des oppositions que les vents rencontrent dans leur parcours, il n'en est pas toujours ainsi.

Voici un exemple malheureusement trop concluant sur les résultats d'une étoile filante globuleuse ou nébuleuse, ou étoile annonçant des tempêtes, ayant parcouru plus de 110° de course dans le ciel.

Le 13 février 1843, à $6^h 6^m$ du matin, parut une étoile filante de forme globuleuse et de 3e grandeur venant du S.-O. dans la constellation de la Vierge jusqu'au delà de Cassiopée. Ce météore ne mit que deux secondes pour franchir plus de

110° de course. Le temps était beau, il gelait et le vent était à l'E.

Le 15 février, vers midi, les cirrus ou nuages de la région supérieure se formèrent tout à coup; leur marche du S.-O. devint bientôt excessivement rapide, c'est-à-dire en tempête. Vers 8 heures du soir, il plut un peu, et c'est dans ce moment de la journée que la tempête commença à sévir en Amérique. C'est le 17, vers 12ʰ30ᵐ du matin, que cette tempête attendue et prévue par le signe précurseur du 13, à 6 heures du matin, descendit à terre pour nous après avoir vaincu toutes les oppositions, et sévit dans toute sa rigueur jusqu'à 3ʰ15ᵐ du matin du même jour, accompagnée par le vent du S.-O. et O.-S.-O., annoncé à l'avance par le signe précurseur. Puis ensuite le vent remonta au N.-O.

Au moment où le signe précurseur de la tempête se révélait le 13 au matin, le baromètre remontait. C'est seulement après trente heures bien écoulées qu'il commença à baisser; et la baisse fut de 19 millimètres jusqu'au moment où la tempête arriva jusqu'à nous après quatre-vingt-dix heures et demie après que l'annonce en avait été révélée. En d'autres termes, ici comme dans d'autres circonstances analogues et trop souvent répétées, c'est vers le quatrième jour que le baromètre arriva à son maximum de baisse, et que toute la masse atmosphérique obéit enfin au mouvement ordonné par la force d'en haut.

Dans la journée du 15, la tempête sévissait en Amérique; elle y fut si violente, que des cendres des volcans des Andes furent transportées jusque dans le Missouri. L'Océan vit une grande quantité de naufrages. Le 16, la tempête sévissait sur nos côtes dans une grande étendue. Des navires furent trouvés la quille en l'air; des terres ensemencées ravagées, des ports en partie détruits, une forêt dans la vallée d'Andore déracinée; des routes interceptées dans la Picardie et dans d'autres contrées par des bancs de neige de plus de 3 mètres de hauteur!

C'est donc après soixante heures, que la tempête commença à exercer ses ravages en Amérique après qu'elle avait été révélée à la France par l'étoile globuleuse ou à tempête. Le baromètre remontait au moment où le météore a paru. Et sans son apparition, qui aurait pu dire au moment où le baromètre a commencé à baisser, si c'était un temps ordinaire ou un temps extraordinaire qu'on allait avoir? Personne, je le pense. Puisqu'il en est toujours ainsi, donnons donc la préférence aux observations qui nous apportent des renseignements certains, au lieu et place de renseignements incertains et qui ont le malheur d'arriver trop tardivement.

Si nous avions possédé une ligne télégraphique qui communiquât avec l'Amérique, nous aurions pu lui annoncer, en admettant qu'on n'ait pas remarqué de pareil avertissement en Amérique, qu'une tempête allait sévir, et le renseignement lui aurait été utile, puisque ce n'est que soixante heures après que la tempête a exercé ses ravages chez elle.

On voit donc bien, comme nous le disions tout à l'heure, la préférence qu'on doit accorder aux observations directes sur tous les systèmes préventifs qu'on préconise, bien qu'insuffisants, pour ne pas dire inutiles, et qui doivent coûter tant d'argent aux États qui s'en serviront.

On doit savoir maintenant à quoi s'en tenir sur la vitesse de translation attribuée aux tempêtes. Cette loi est donc mauvaise, parce qu'on a souvent pris des mouvements d'abaissement, de translation oblique et diagonale pour des mouvements directs. Nous donnons, pour compléter tout ceci, la courbe des oscillations barométriques du 12 février 1843 au 16 du même mois (*fig.* 11).

Après de tels faits, que devient la théorie présentée à l'Académie des Sciences, pour expliquer de quelle manière la tempête de la mer Noire était arrivée en octobre 1854? Nous dirons un peu

Fig. 11.

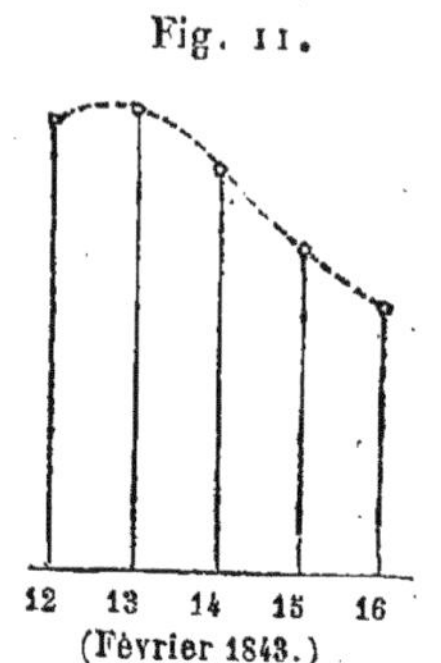

(Février 1843.)

plus loin quelques mots sur cette tempête, dont nous regrettons de ne pouvoir donner ici l'historique entier. On verra combien cette théorie s'égare, et combien peu elle avait de rapports réels avec la tempête de Kamiesch.

Le 13 février 1849, à $7^h 30^m$ du soir, une étoile S.-O., 3e grandeur, ♂ Céphée, 20° de course. Ce

Fig. 12.

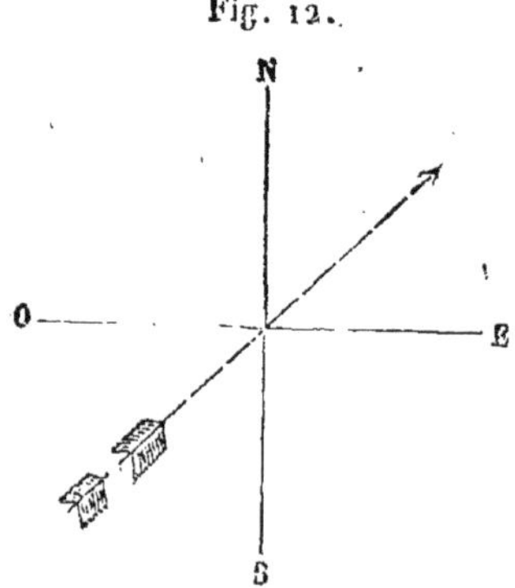

météore avançait par *saccades* et annonçait que

la force perturbatrice se trouvait du côté du N.-E. (*fig.* 12). Ce signe précurseur annonce en général que le baromètre va remonter ; car au moment de l'observation il éprouvait un mouvement de baisse, puis il remonta pour arriver à son maximum de hausse le 17 au matin (*fig* 13).

Fig. 13.

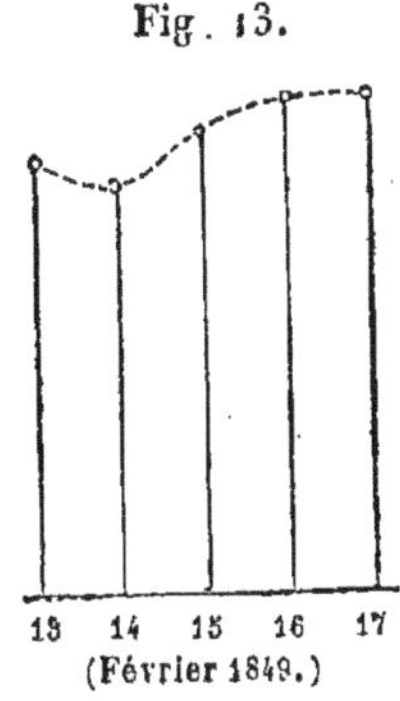

Le 15 février 1852, à $7^h 30^m$ du soir, une étoile filante N.-N.-O., 2e grandeur, rapide, ♂ Grande Ourse, 12°, a fini O.-N.-O. (*fig.* 14). Ceci indique

Fig. 14.

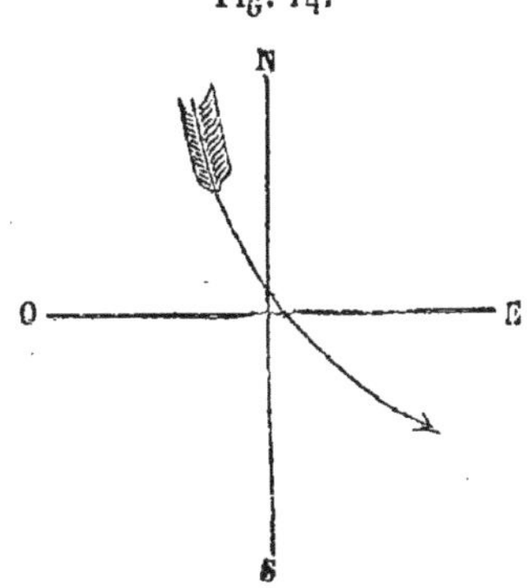

que la force perturbatrice est à l'O.; aussi le 15, le baromètre, qui était très-élevé, descend jusqu'au 18 de 17 millimètres, et les nuages et le vent du N.-E. ont passé à l'O. en donnant de la pluie, de la neige et du grésil, en un mot, un véritable temps de bourrasque (*fig.* 15).

Fig. 15.

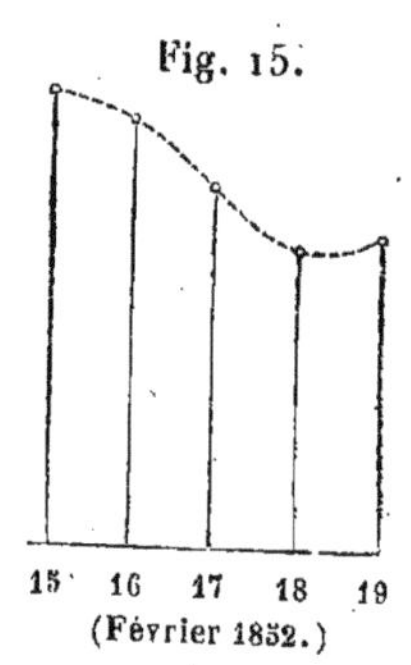

Le 10 août 1853, à $10^h 30^m$ du soir, une étoile filante E.-N.-E., 4e grandeur, ε Cassiopée, 7° de course, a fini S.; à $12^h 45^m$ une étoile E., 2e grandeur, avec *traînée* de la Polaire à 4° O. η Dragon, 25°, a fini E.-S.-E.; à $1^h 45^m$ du matin, une étoile S.-E., 7° E. λ Dragon, 12°, a fini S.; à $2^h 45^m$, une étoile N., 4e grandeur, entre α et γ Cygne, 8°, a fini S.-E. (*fig.* 16).

Comme on le voit, quatre étoiles perturbées seulement ont été notées dans cette nuit, où l'on observa un total de 274 étoiles filantes. Cependant cela a suffi pour donner les résultats voulus par la puissance perturbatrice. En effet, au moment de l'observation le vent et les nuages de l'E.

Fig. 16.

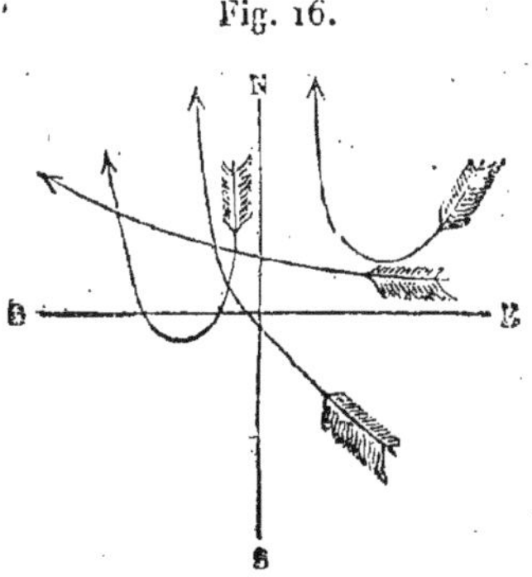

au N.-E., le baromètre est très-élevé; le 13, les nuages et le vent sont descendus au matin au S.-E., puis au S., S.-S.-O. Ce n'est que le 14, à 2 heures du soir, que le baromètre est arrivé à son maximum de baisse, qui a été de 9 millimètres, cent huit heures après l'apparition des signes précurseurs, et les nuages, après soixante-seize heures (*fig.* 17).

Fig. 17.

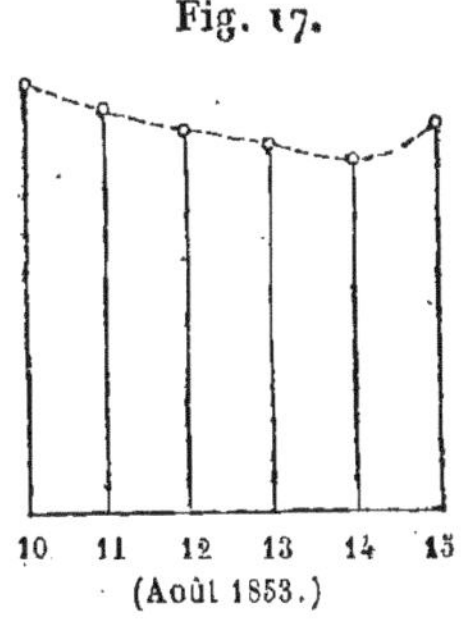

Voilà des exemples qui montrent comment

s'obtient la hausse et la baisse du baromètre; tout ce qu'on pourrait ajouter ne ferait que répéter et faire voir les mêmes choses : cela n'intéresserait pas beaucoup nos lecteurs. Aussi, vu l'espace qui nous reste, nous terminerons ce chapitre par quelques mots sur la tempête de Kamiesch.

Le 11 novembre 1854, nous avons observé à $6^h 45^m$ du soir une étoile filante S.-O., 3e grandeur, très-rapide, ψ Cassiopée, 15° de course. A $7^h 15^m$, une étoile E., 2e grandeur, *traînée*, 4° N. α Pégase passé Altaïr, 50° de course. A $7^h 30^m$, une étoile O.-S.-O., 3e grandeur, *traînée* lente, 4° E.-S.-E. β Cocher, 12°, a fini S.-O. A $7^h 45^m$, une étoile N., 4e grandeur, θ Poisson occidental, 12°, a fini

Fig. 18.

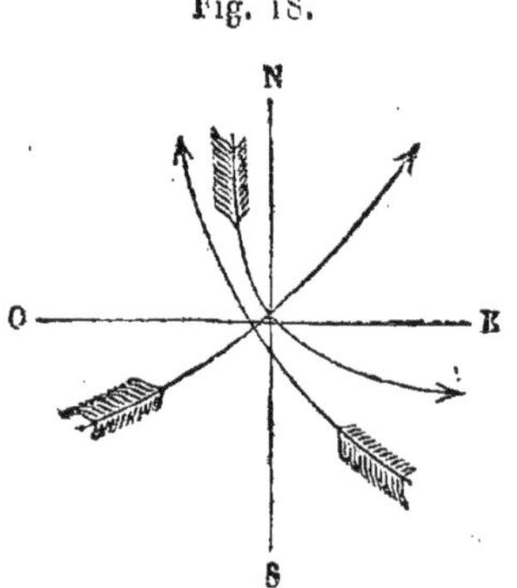

O.-N.-O. A 8 heures, une étoile S.-E., 4e grandeur, entre Polaire et γ Céphée, 15°, a fini S.-S.-E.

L'observation du 13 novembre, quoique n'offrant aucune perturbation, nous apprend cependant que le mauvais temps doit continuer, puisque la résultante est au S.-O. Aussi nous donnons d'abord la *figure* 18 pour les perturbations du 11 novembre, jour de la première observation, puis la *figure* 19 représentant la résultante du 13, et

Fig. 19.

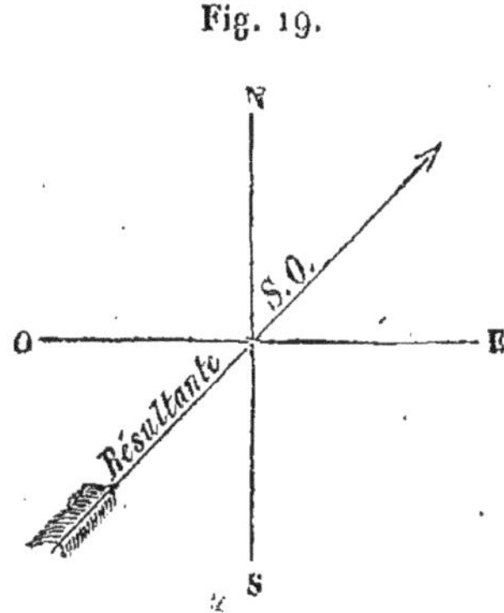

enfin la *figure* 20 des oscillations barométriques du 7 au 18 novembre.

Fig. 20.

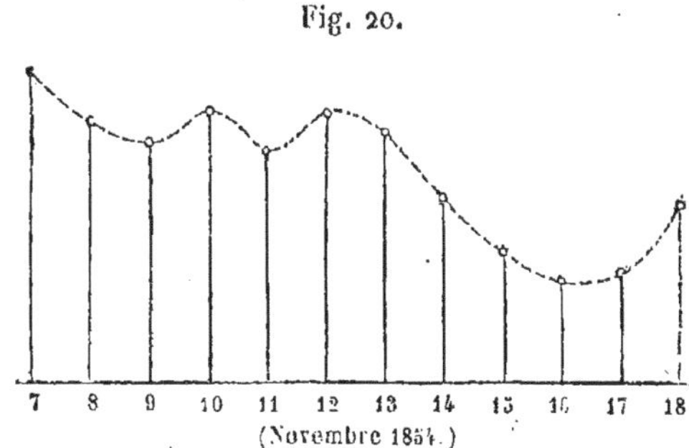

D'après cette courbe, on voit que la grande période du 11 novembre a été précédée par une période de trois à quatre jours, par des périodes de vingt-quatre heures, plus par la période du 11, qui est devenue par la résultante du 13 une période de six à sept jours.

Il résulte de tous ces faits que les périodes qui ont précédé celles des 11 et 13 n'appartiennent en aucune façon à la période de la tempête de la Crimée.

Au moment où on saisissait par la météorologie prise par en *haut* les signes précurseurs des mauvais temps qui allaient survenir, on avait au contraire par la météorologie prise par en *bas* des signes précurseurs de beau temps.

Ainsi le 11 au soir le baromètre remontait, les nuages et le vent remontaient du N.-O. au N. Le 12 le baromètre continua à monter de 2 millimètres jusqu'à 10 heures du soir; c'est seulement le 12, après 10 heures du soir, que le baromètre commença à baisser, c'est-à-dire vingt-sept heures après que les signes précurseurs de la météorologie prise par en haut l'avaient annoncé. Jusqu'au 15 vers minuit, il baisse de 20 millimètres; ce n'est alors que soixante-quinze heures après les signes précurseurs que la tempête commence à sévir pour nous, quoique avec bien moins de violence qu'en Crimée. En Crimée, pareille baisse s'était produite seize heures avant celle de chez nous, et la tempête en cette localité avait également devancé la nôtre d'un pareil nombre d'heures. Ensuite le baromètre a continué de baisser encore de 7 millimètres jusqu'au 17, fin de la période du mauvais temps.

Ces vents impétueux qui se sont abattus d'abord sur la Crimée, ont passé sur la France avant de l'aborder, ce n'est que par l'abaissement que nous les avons ressentis, puisque le 14 la tempête était à la hauteur des nuages à Paris.

Nos lecteurs doivent maintenant savoir que les vents descendent à terre plus ou moins obliquement, plus ou moins horizontalement, soit en imprimant leur mouvement aux couches qui leur sont inférieures, soit tout simplement en les traversant, comme les faits paraissent plutôt le constater. En effet, on a vu souvent que, malgré les obstacles qu'ils rencontraient, ils se faisaient jour au travers à d'assez grandes distances, soit en amont, soit en aval. Enfin on a vu qu'ils se bifurquaient aussi quelquefois au moment de la rencontre des plus grands obstacles. En d'autres termes, une partie arrive immédiatement à terre, tandis que pour une autre partie les courants marchent encore quelque temps au-dessus de l'obstacle le plus résistant, jusqu'au moment où ils ont enfin réussi à le faire disparaître entièrement.

La tempête et les grands vents que nous venons d'avoir dans la dernière quinzaine d'octobre 1862, nous ont fourni un exemple de plus de l'exactitude de la météorologie prise par en *haut* ou dans le ciel des étoiles filantes. En effet, dans la soirée du 14 octobre, on est certain par les signes précurseurs obtenus dans l'observation des étoiles filantes, que des grands vents et tempêtes vont nous arriver. Le baromètre jusqu'au 16 à 2 heures du soir subissait quelques oscillations dues à des observations antérieures, comme cela arrive assez souvent, notamment dans la tempête de la Crimée, dont nous venons de parler. Enfin le 16, après quarante-deux heures de l'annonce des signes précurseurs, il commence à baisser, et c'est seulement après quatre-vingt-cinq heures et demie que le baromètre arrive à son maximum de baisse, pour la première période, car il y en a eu plusieurs. La tempête a touché terre chez nous après soixante-huit heures qu'elle avait été annoncée par les signes précurseurs. Le samedi 18, le bureau météorique anglais faisait arborer les signaux de tempête, en disant qu'il était probable qu'on allait avoir des grands vents du S. Pour nous, ce n'était pas seulement probable, c'était une certitude, puisque les étoiles perturbées annonçaient la grande puissance des courants de la région du S.

Cette tempête, comme on le sait, a causé d'immenses avaries et une grande perte d'hommes.

On trouve encore ceci de très-remarquable dans le grand nombre des faits observés : c'est que, si les perturbations portent sur différentes grandeurs d'étoiles filantes et qu'elles diffèrent entre elles, le premier produit météorique qui arrivera est celui qui était annoncé par la taille supérieure du météore, les autres produits des tailles inférieures arrivent ensuite. Ce qui fait qu'on a connaissance non-seulement des produits météoriques qui vont arriver, mais encore de ceux qui doivent suivre.

Si, comme nous l'avons dit, la pluie arrive le plus souvent pour nous quand la baisse du baromètre est arrivée entre 9 et 11 millimètres, lorsque les vents et les nuages descendent du N. au S.-S.-O. par l'E.; au contraire, lorsqu'ils descendent du N. sur l'O., il suffit ordinairement pour amener la pluie de 1 à 3 millimètres de baisse.

Après tout ce qui vient d'être dit jusqu'ici, je ne pense pas que nos lecteurs puissent avoir le moindre doute sur la préférence à accorder au système de la météorologie prise par en *haut* ou dans le ciel des étoiles filantes, qui, dans ses prévisions météoriques, a toujours, comme nous l'avons déjà dit, une avance de plus de quarante-huit heures sur les prévisions obtenues par la météorologie prise par en *bas* ou terre à terre, puisqu'elle n'opère qu'au moyen d'instruments. M. Quételet, directeur de l'Observatoire royal de Bruxelles, a donc aussi raison de demander qu'on s'adonne avec courage et persévérance aux observations des étoiles filantes pour faire progresser la météorologie.

CHAPITRE XI.

Climats.

Du thermomètre et de l'hygromètre dans leurs rapports avec la météorologie et l'agriculture. — Questions des climats ; les intempéries sont-elles plus fréquentes aujourd'hui que dans les temps anciens. — Conclusions.

Dans les observatoires météorologiques, on tient compte des moyennes plutôt que des extrêmes de température ; c'est à l'ombre qu'on suspend le thermomètre, en évitant autant que possible l'effet des réverbérations. Nous pensons, avec MM. Biot et Regnault, qu'il faut, en ce qui regarde les thermomètres et les hygromètres, autre chose que la moyenne des observations, si l'on veut arriver à des résultats satisfaisants pour la science et l'agriculture. En effet, tous les degrés de chaleur ou de froid ont été notés sur tout le globe, et d'après leur moyenne, on en a tiré des lignes isothermes. Ainsi, en France, à Paris, par exemple, on voit que la température moyenne est de 10°,74. C'est en considérant les moyennes générales de chaque contrée, soit de chaleur, soit d'humidité, qu'on a énoncé toutes les conditions nécessaires à la production et à la maturité des récoltes de tous genres.

Sans doute, les connaissances obtenues jusqu'ici sont quelque chose. Mais tout cela est loin d'être suffisant. Nous sommes encore ici de l'avis de M. Regnault, qui pense avec raison qu'on devrait non-seulement exposer des thermomètres à l'ombre, mais qu'il faudrait en exposer en plein air, à toute l'ardeur du soleil et à toutes les variations de température causées par les transformations de l'atmosphère, afin d'approcher le plus près possible de l'exacte et complète vérité.

Ce qu'il importe de savoir principalement, s'il est possible, ce sont les circonstances qui font varier cette température, même sur des espaces peu éloignés les uns des autres. Ainsi tout le monde sait que la hauteur des montagnes influe sur la température, que les vallées abritées des vents froids sont toujours en avance de près d'une quinzaine de jours pour les moissons et les vendanges sur les plaines qui y sont exposées; et cependant 2 ou 3 lieues à peine quelquefois les séparent.

Nous avons fait connaître les conditions normales ou anormales de toutes les saisons, ce qui constituait de bonnes années ou en amenait de mauvaises. La chaleur et les pluies arrivées en temps favorable pour le développement et la maturité des plantes font plus, comme on l'a dit avec raison, que la culture la plus raffinée. Il n'y a pas de cultivateurs qui ne sachent à quoi sont exposées leurs récoltes pour de courtes périodes de temps contraires, qui arrivent malheureusement quelques jours trop tôt ou trop tard. En d'autres termes, une récolte, quelque abondante qu'elle paraisse de prime abord, se trouve sauvée ou compromise, même perdue, parce qu'il aura plu, fait trop froid, trop chaud et même trop sec, quelques jours plus tôt qu'il n'aurait fallu, ou quelques jours plus tard. Citons quelques exemples.

Si, à l'époque où vous semez vos avoines, en mars par exemple, comme on le fait dans nos contrées, les vents et les pluies sont froides, et que vous n'ayez pas la sagesse de voir que c'est un temps qui n'est pas convenable à vos semailles, qui auraient tout à gagner à attendre un peu, vos avoines, semées dans les mauvaises conditions dont nous venons de parler, ne lèveront pas ou lèveront mal. La récolte est donc compromise, faute de renseignements suffisants pour connaître l'heure et le moment favorables pour se livrer à ce genre de culture.

Si au contraire on a eu égard aux perturbations atmosphériques et qu'on ait semé dans de bonnes conditions, sans s'occuper des produits météoriques ultérieurs, on n'a aucun reproche à se faire. Ces avoines ayant été semées dans les conditions les plus favorables, sont très-bien levées, les pousses sont très-belles ; et s'il ne vient pas de contre-temps, on peut espérer une abondante récolte. C'est bien ici le cas de répéter cet adage aussi vieux que le monde, et qui durera autant que lui : Tant qu'une récolte n'est pas faite, on ne peut pas vraiment compter dessus. Au moment où on croit la tenir, elle vous échappe de bien des manières.

Ainsi, au moment où l'épi se forme dans le chalumeau, voici qu'il arrive de fortes chaleurs accompagnées d'une grande sécheresse; la plupart des pousses tournent en cette circonstance en ce que l'on appelle vulgairement *queue d'oignon*, et il n'y a plus alors que le maître brin qui donne un épi; au lieu d'avoir une récolte, vous n'en avez plus qu'une demie.

Après ces deux premiers écueils évités, il en reste un troisième à franchir. En effet, voilà qu'au moment où les avoines mûrissent, des pluies arrivent, elles sont continues et quelquefois très-froides; alors les avoines ne mûrissent pas également, elles se tassent; et, s'il survient des grands vents et des tempêtes lorsque la maturité s'achève, une partie des épis, les premiers mûrs, se trouve égrenée et quelquefois germée. On avait une belle apparence de récolte, et cependant on a eu une mauvaise récolte. Ce que nous venons de dire pour les avoines s'applique à tous les autres produits agricoles.

Il est bien entendu ici que chaque contrée doit se conduire suivant le genre de produits agricoles qu'on cultive comme le plus approprié au genre des terres qu'on possède. Mais, malgré ces différences, il importe toujours que, dans chaque contrée, chaque cultivateur étudie bien les moments les plus favorables à la plantation ou à la semaille de tous les produits.

Ce que nous avons dit au sujet des avoines ne pourrait que se répéter pour les seigles et les froments. Aussi nous n'insisterons pas davantage; nous parlerons seulement en quelques mots de la vigne et de ses produits.

Les vignes, dans nos contrées, poussent ordinairement fin d'avril et début de mai. Si la chaleur et l'humidité sont arrivées dans de bonnes conditions, elles poussent admirablement et promettent alors une abondante récolte. On sait que si, à cette époque, la température baisse à 0° ou à 2° au-dessous de 0, la récolte est exposée à être anéantie à l'instant, ainsi que la récolte des fruits dont les arbres sont généralement en fleurs en ce moment. Supposons maintenant ce danger évité pour la vigne, il en reste un second non moins fatal dans ses conséquences.

Au moment de la fleur de la vigne, il faut alors une température plus chaude que froide, sans être pourtant extraordinaire, puisque cette extrême chaleur grillerait la fleur. Dans les bonnes conditions, tout danger est écarté en peu de jours; on est alors certain d'avoir du vin, plus ou moins bon suivant la température existante au moment où les raisins mûrissent.

Si le beau temps et la chaleur avaient lieu presque sans intermittence, de la fleur des blés à la moisson, il ne s'écoulerait jamais plus de quarante-cinq à cinquante jours avant de la commencer; comme aussi dans le même laps de temps, après la fleur de la vigne passée, on verrait toujours les raisins noirs prendre couleur et les blancs devenir transparents. Bien entendu ici que je ne parle pas de l'espèce de raisin dite de *juillet*.

On sème au printemps, dans nos contrées, toutes les petites graines produisant les prairies artificielles dont la fertilité est si importante pour l'économie agricole. On doit bien connaître, avant de se livrer à ce travail, quelles sont les conditions nécessaires pour obtenir une récolte des plus abondantes cette année et l'année suivante. C'est ici qu'il faut avoir soin, principalement, de faire grande attention à toutes les transformations atmosphériques. En effet, si, sans réflexion aucune, vous semez à une époque où la température commence à être sèche et plus froide qu'humide et chaude, vous pouvez être assuré à l'avance qu'il n'y aura pas le quart de la quantité que vous aurez semée qui lèvera; et pour l'année qui suivra, vous vous serez privé de cette précieuse ressource, reconnue, non sans raison, comme l'âme de toute exploitation agricole.

Il est très-important de commencer par se bien rendre compte des faits météoriques qui viennent de se passer, et de se renseigner, autant que possible, sur la probabilité de ceux qui vont suivre. Que pour tous les genres de semailles, et pour toutes les saisons, on laisse de côté les jours marqués si rigoureusement à l'avance pour tel ou tel travail agricole, surtout en matières de semences. Il faut au contraire attendre patiemment que le moment opportun soit arrivé, et devancer même le moment qu'on s'était assigné, si les faits météoriques l'exigent; car on doit être convaincu, par expérience, qu'une moyenne toute générale de chaleur et d'humidité ne peut, en aucune manière, indiquer le moment le plus propice à ce genre de travail.

D'après tout ce qui précède, on doit être convaincu que cette moyenne générale de la température et de l'humidité, dont on parle si souvent, est plus curieuse qu'utile ; car on vient de voir qu'elle peut ne pas avoir varié d'une année à l'autre, et cependant causer des résultats entièrement différents ; et l'on conçoit sans peine que le froid, la sécheresse, la chaleur et l'humidité ne sont arrivés que trop souvent dans des circonstances tout à fait contraires au développement des plantes, à leur maturité et à leur conservation. Mais, nous le demandons encore, à quoi tiennent les bonnes ou mauvaises années?

Quoi qu'il en soit, un bon cultivateur profitera toujours de toutes les circonstances favorables pour tenir ses terres prêtes à recevoir les semences aussitôt que le moment le plus propice est arrivé.

Il est donc bien évident que les thermomètres et les hygromètres, comme les baromètres et tous les autres instruments météorologiques quelconques, ne peuvent nous apporter que des compléments accessoires des observations prises par en *haut* ou dans le ciel des étoiles filantes, et simplement les contrôler.

Si l'on veut étudier la température d'un pays pour connaître, autant que possible, s'il est favorable à la culture de telle plante plutôt qu'à la culture de telle autre, il faut étendre les observations thermométriques avec un détail infini, puisque sur plusieurs lieues carrées, quelquefois même sur une seule, il se trouve des différences assez notables de température, tenant, soit à l'exposition des terres, soit à toute autre cause. En un lieu peu distant d'un autre, il y a tout ce qu'il faut pour cultiver une plante, tandis que dans le premier lieu il faut absolument y renoncer. Obtenir tous ces détails, on le reconnaît bien vite, c'est plutôt l'affaire particulière des agronomes que l'affaire des observatoires météoriques, qu'on ne peut multiplier à l'infini.

MM. les curés de campagne, leurs vicaires et tous les instituteurs communaux pourraient, sans nul doute, aider les cultivateurs dans ce genre de recherches. On pourrait même apprendre de bonne heure aux enfants les plus intelligents à devenir des aides très-utiles. Chaque commune aurait ainsi la connaissance assez exacte de ce qu'il lui importe de savoir pour se livrer à tel genre de culture plutôt qu'à tel autre.

Nous nous sommes plus occupé des variations du baromètre que du thermomètre, parce que le thermomètre s'impressionne beaucoup plus vite que le baromètre, en passant d'un degré à un autre suivant les différentes oscillations du vent; mais il ne peut servir en quoi que ce soit à connaître les prévisions météoriques. Une ondée suffit souvent pour le faire baisser tout à coup de plusieurs degrés, de même qu'un moment de calme et de soleil va le faire monter de même.

D'après tout ce qui se passe sous nos yeux, on peut presque affirmer que, depuis le commencement des temps, rien n'est changé; que tout s'est accompli suivant la puissance qui préside à l'action de tous les météores; que, s'il est survenu dans les temps anciens des hivers plus froids et des étés plus chauds, plus secs ou plus pluvieux, et si ces modifications ont lieu également pour les saisons de printemps et d'automne, toutes ces différences anciennes dans les saisons ne se représentent pas moins dans les temps présents. En un mot, il est arrivé parfois, dans les temps anciens, que rien n'est venu en sa saison, et qu'on a été assez souvent sous le coup d'anomalies profondes; les mêmes oscillations arrivent aujourd'hui, nous n'en devons pas douter.

Il ne faudrait pas trouver étonnant qu'il y ait eu quelques périodes assez dissemblables, sous le rapport des produits météoriques, à des périodes antérieures ou postérieures. C'est ainsi que s'expliquent les années plus pluvieuses, plus sèches, plus chaudes ou plus froides. En effet, nous savons maintenant comment chaque phénomène arrive, et surtout pourquoi il arrive. Supposons, ce qui pourrait très-bien se présenter, que pendant plusieurs années la résultante générale des étoiles filantes et de leurs perturbations se maintienne dans la région du S.-S.-E. à l'O.-N.-O, en passant par le S. Eh bien, cette période, pour une partie de l'année, sera non-seulement pluvieuse, mais encore orageuse; et, quant à l'autre partie de l'année, il est sûr qu'il y aura encore de l'humidité, si ce n'est des orages, par la continuation des pluies. Maintenant supposons encore, ce qui est également possible, que ces résultantes demeurent pendant plusieurs années sans variations sensibles de l'O.-N.-O. à l'E., en passant par le N.; voilà une longue période sèche et froide. Puis supposons, ce qui est possible encore, qu'il vienne une période plus ou moins longue où les résultantes sont presque permanentes de l'E.-N.-E. au S.-S.-O.; ce sera alors une période encore assez sèche, brûlante même à certains moments de l'année.

Ainsi, on le voit, il peut y avoir sur certaines périodes assez longues des différences assez notables, sans que pour cela il n'y ait rien de changé réellement en quoi que ce soit depuis l'origine du monde.

Ceci nous amène à désirer, dans l'intérêt commun, des périodes assez variables, comme elles le sont maintenant, plutôt que des périodes plus stables et plus permanentes dans leurs produits. Car, du moins, si nos récoltes et notre santé éprouvent des dommages réels dans une année, nous avons l'espoir que l'année suivante réparera les malheurs de l'année précédente.

Rien n'est donc changé, les rivières gèlent dans certaines circonstances données tout comme autrefois. Pour ce dernier point, par exemple, il y a bien des distinctions à faire. Il ne faudrait pas se figurer, par cela seul qu'une rivière ou un fleuve est gelé fortement, qu'il fait un froid bien plus grand que dans certaines années. A température égale, un cours d'eau, quel qu'il soit, gèlera beaucoup plus vite si les eaux sont basses que si elles sont hautes; la rapidité du courant ou son calme influent encore d'une manière toute-puissante sur le résultat final. Il est une foule de circonstances qui méritent l'attention, et dont en ceci on ne tient pas en général assez compte.

Il est arrivé certainement des changements et des différences de température dans quelques parties du globe. La Sibérie, à ce qu'il paraît, n'a pas toujours été aussi froide qu'elle l'est de nos jours. L'Islande et le Groënland sont un autre exemple du même genre. Le froid qui sévit au Groënland et en Islande, vient principalement des montagnes de glaces qui environnent ces deux pays et les cernent en quelque sorte en les frappant de leur action réfrigérante. Suivant les relations d'anciens voyageurs, et celle de S. A. I. le prince Napoléon lui-même, cette action paraît augmenter d'année en année. Cette condition, qui n'a pas toujours été la même pour ces pays, peut changer de nouveau par le déplacement des banquises; et ce déplacement, tout immense qu'il serait, peut fort bien s'opérer à la suite d'un règne prolongé de vents et de tempêtes venant d'une certaine direction plutôt que d'une autre.

On a également tort, suivant nous, de croire qu'un climat est changé parce qu'on n'y cultive plus certaines plantes, la vigne, par exemple, à certaines latitudes; car plus les peuples avancent en industrie, plus on apprécie les produits agricoles à leur véritable valeur. Ce n'est certes pas parce que le climat est plus froid qu'à une autre époque, qu'on ne cultive plus la vigne dans certaines parties de la Champagne, de la Picardie, voire même l'Angleterre; mais c'est tout simplement parce que ces produits étaient trop précaires sous le rapport de la quantité ou de la qualité, qu'on a préféré dans ces localités arracher les vignes et les remplacer par une culture plus productive et plus assurée.

Toutes choses égales d'ailleurs, on peut tenir pour certain que dans nos contrées, comme probablement aussi dans beaucoup d'autres, le climat n'a pas changé et ne doit probablement changer jamais.

Passons maintenant aux conclusions. Nous avons dejà vu plusieurs fois que la matière qui constitue les étoiles filantes paraît diaphane; il en résulterait que ces corps qui se forment dans l'espace ne sont point des astéroïdes circulant autour du soleil et encore moins autour de la terre. La mer n'est pas apparemment une planète, et cependant ne la voyons-nous pas soumise à des lois qui paraissent aussi régulières que les lois astronomiques, quoiqu'elles ne soient que physiques? ramenant invariablement ses deux grandes marées aux époques des équinoxes comme elle ramène ses marées ordinaires de chaque jour, qui, assez souvent par des circonstances purement physiques et très-variables, dépassent les proportions des marées équinoxiales.

Ne se pourrait-il pas que l'océan des étoiles

filantes fût soumis, lui aussi, à des lois encore cachées? Ces lois, une fois connues, nous expliqueraient parfaitement la variation horaire et ces marées extraordinaires d'étoiles filantes à certaines époques de l'année, et quelquefois aussi ces cas très-rares qui arrivent à des époques notoires et prévues. Nous reviendrons plus tard sur cette intéressante et importante question, qui touche principalement à la connaissance physique du globe.

On sait maintenant que les lois trouvées ne ressemblent en rien aux lois qui régissent actuellement la météorologie, et qui sont enseignées ou mises en pratique dans les observatoires et dans les écoles du monde entier, quoique des savants illustres aient déclaré que jusqu'aujourd'hui, malgré tous les moyens d'exécution dont on avait disposé, et ce qu'on avait pu faire sur tous les points du globe, on n'était arrivé à rien, à aucun progrès réel en météorologie.

On a été unanime dans tous les pays à convenir que la science ne possédait pas le moindre indice qui pût lui annoncer, même quelques heures à l'avance, l'oscillation barométrique. On a également reconnu que ce ne serait que du jour où on posséderait cet indice, quelque faible qu'il fût, qu'on pourrait arriver à faire progresser la science météorologique. C'est lorsqu'on connaît l'impasse où la science se trouve engagée, qu'on vient encore conseiller à tous les gouvernements de dépenser des sommes immenses pour construire des stations, des sémaphores sur tous les points du globe destinés à continuer les observations de la météorologie prise par *en bas,* système, comme on le sait de reste, qui n'a produit que déceptions sur déceptions.

Nous n'hésitons pas à déclarer qu'on est coupable de vouloir conseiller la continuation d'un pareil système météorologique, surtout lorsqu'on connaît le mode des observations de la météorologie prise par *en haut;* qu'on connaît justement, en ne se servant même, si l'on veut, que des perturbations éprouvées par les étoiles filantes dans le parcours de leurs trajectoires, comment on obtient avec certitude plusieurs heures à l'avance la marche de l'oscillation barométrique; qu'on s'obstine à préconiser l'ancien système si justement condamné. Observez vous-même, dirons-nous aux personnes qui ne peuvent croire comme certains les faits qu'on porte à leur connaissance, et si vous apportez seulement dans vos observations assez de courage et de persévérance, vous verrez bientôt, comme nous, combien sont vrais les faits que nous avons avancés, et vous n'hésiterez pas à venir vous-même dire ce que vous aurez vu; à demander, de plus, qu'on nous accorde les faibles moyens d'exécution que nous réclamons.

Alors on désirera comme nous de voir : 1° accorder à notre observatoire du Luxembourg une somme suffisante pour que des aides assez nombreux ne laissent passer aucune heure de la nuit sans qu'il y ait au moins quelqu'un en vigie, pour avertir à l'instant même quand le ciel devient clair, pour ne pas perdre un quart d'heure d'observation même pendant la lune, afin, on le pense bien, d'avoir le plus d'éléments possibles à sa disposition. Voilà pour la nuit. Le jour il faudra également quelqu'un en vigie, de manière à ce qu'il n'y ait aucun changement dans l'atmosphère qui ne soit constaté; 2° accorder aussi une somme suffisante pour former des élèves, et les répartir ensuite dans les quatre stations supplémentaires que nous demandons à Brest, Agen, Grenoble et Strasbourg. Avec ces stations, si le ciel est couvert d'un côté, on a du moins l'espérance d'obtenir les renseignements indispensables d'un autre côté. Nous savons que les villes donneront bien volontiers un local propre aux observations qu'on fera chez elles. Une fois en possession de ces moyens d'exécution, et après quelque temps d'observations combinées, on sera à même de publier chaque jour un bulletin annonçant à l'avance à la France entière les produits météoriques qu'elle doit espérer ou craindre.

Nous disons chaque jour, et ce n'est pas sans raison, car, à cause de la fréquence des changements de position azimutale des signes précurseurs, on est bien forcé d'en agir ainsi. On sait en effet qu'il y a des périodes de moins de vingt-quatre heures, qu'il y en a de trois à quatre jours, comme il y en a de six à sept et même de quatorze à quinze jours. Ce qu'on sait aussi, c'est que pour obtenir l'annonce de ces longues périodes, il n'en faut pas moins observer chaque jour, afin d'être certain que les signes précurseurs n'ont pas changé. Donc, nous ne pouvons dans l'état actuel de la science des météores prédire bien longtemps à l'avance. Effectivement, en une nuit tout peut être changé. Il faut laisser à d'autres le soin d'annoncer le temps à longue échéance, je ne prévois pas jusqu'à présent que nous y arrivions jamais, ou au moins de sitôt.

Si nous avons la confiance qu'avec de nombreux éléments que nos moyens actuels d'observation nous refusent, nous arriverons à donner des prévisions aussi certaines que possible sur l'état général météorique d'une année, c'est que nous en avons l'espérance d'après les documents que nous publions en ce moment ou que nous avons déjà publiés, sans compter les documents que nous ferons connaître, aussitôt que le travail auquel nous nous livrons sera terminé. En d'autres termes, on voit que dans les quatre premiers mois de l'année les éléments réunis forment des courbes qui, après huit autres mois d'observations, se retrouvent à très-peu de chose près les mêmes. Il a donc fallu en conclure, sans être prophète, que les faits acquis permettaient d'espérer ou de craindre que l'année en général ne se ressente des faits déjà acquis.

Nous pourrions terminer ici ce chapitre qui clôt ce Précis des *Recherches sur les Météores et les lois qui les régissent.* Cependant nous ne voulons pas laisser ignorer à nos lecteurs que nos propres observations nous ont mis à même de posséder des renseignements tellement précis, que nous savons pourquoi dans nos contrées nous avons la prédominance des vents de S.-S.-E. à l'O. O.-N.-O. En effet, dans les nouveaux documents que nous ferons connaître un peu plus tard, on trouve que si l'on réunit toutes les perturbations éprouvées par les trajectoires des météores filants dans leur parcours et qu'on en construise une courbe polaire, on voit tout de suite qu'il n'en peut être autrement.

Ce fait, qu'avaient déjà établi Mairan et d'autres savants, l'a été également par M. Maury, qui a employé le dépouillement des nombreuses observations des officiers de marine faites principalement sur les mers du 45e au 50e degré de latitude nord. C'est ainsi qu'on a vu que ces vents y régnaient le plus souvent.

Ainsi ici, sans dépouillement d'autres observations que les nôtres, nous avons acquis la preuve des faits avancés précédemment. Ceci ne donne-t-il pas une nouvelle preuve de l'intérêt qu'offrent les observations des météores filants pour la Marine, la Guerre et l'Agriculture?

FIN.

PARIS. — IMPRIMERIE DE MALLET-BACHELIER,
rue de Seine-Saint-Germain, 10, près l'Institut.

Pl. I.

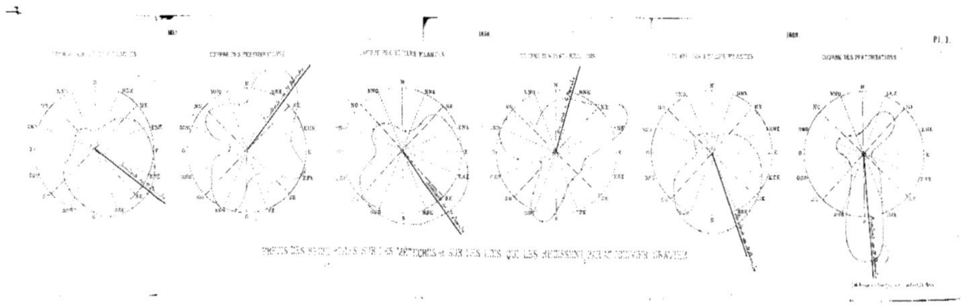

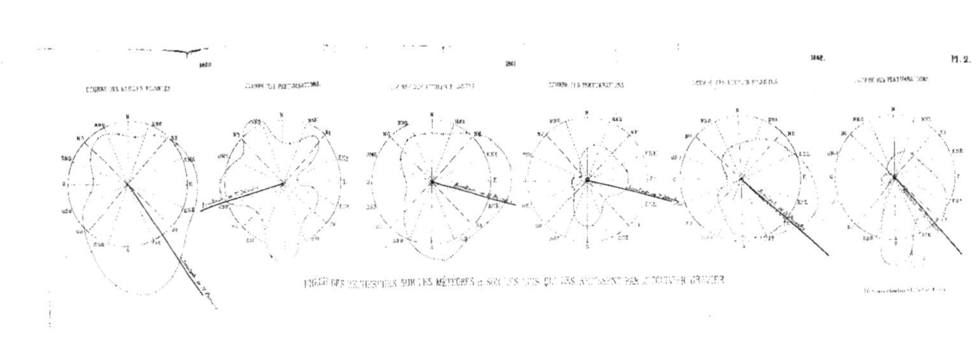

[illegible] SUR LES MÉTÉORES [illegible]

PARIS. — IMPRIMERIE DE MALLET-BACHELIER,
RUE DE SEINE-SAINT-GERMAIN, 10, PRÈS L'INSTITUT.

www.ingramcontent.com/pod-product-compliance
Ingram Content Group UK Ltd.
Pitfield, Milton Keynes, MK11 3LW, UK
UKHW051021210726
13857UKWH00007B/641

9 782011 931467